二氧化碳减排技术研究

——碳中和的实现路径与技术

蒋山泉　刘菊梅　刘红盼　著

北　京
冶　金　工　业　出　版　社
2025

内 容 提 要

本书共8章。第1章为全球气候变化及“双碳”战略的提出；第2章为应对气候变化措施；第3章为节能降耗；第4章为能源替代；第5章为碳汇；第6章为碳排放交易；第7章为碳捕获和存储（CCS）技术；第8章为中国及全球陆地生态系统碳源汇。

本书可供从事碳中和、二氧化碳减排技术的工程技术人员、科研人员以及有关管理人员使用，也可作为高等院校环境科学与工程、环境管理、生态科学等相关专业的本科生和研究生的教材和参考书。

图书在版编目（CIP）数据

二氧化碳减排技术研究 ：碳中和的实现路径与技术 / 蒋山泉，刘菊梅，刘红盼著. -- 北京 ：冶金工业出版社，2025. 7. -- ISBN 978-7-5240-0280-2

Ⅰ. X511

中国国家版本馆 CIP 数据核字第 2025RS7787 号

二氧化碳减排技术研究——碳中和的实现路径与技术

出版发行	冶金工业出版社	**电　话**	(010)64027926
地　址	北京市东城区嵩祝院北巷39号	**邮　编**	100009
网　址	www. mip1953. com	**电子信箱**	service@ mip1953. com

责任编辑　夏小雪　美术编辑　吕欣童　版式设计　郑小利

责任校对　石　静　责任印制　范天娇

北京印刷集团有限责任公司印刷

2025年7月第1版，2025年7月第1次印刷

710mm×1000mm　1/16；11. 5印张；222千字；171页

定价 78. 00 元

投稿电话　(010)64027932　投稿信箱　tougao@cnmip. com. cn

营销中心电话　(010)64044283

冶金工业出版社天猫旗舰店　yjgycbs. tmall. com

前　言

气候变化是人类面临的最严峻挑战之一。工业革命以来，人类活动燃烧化石能源、工业过程以及农林和土地利用变化所排放的大量二氧化碳（CO_2）滞留在大气中，是造成气候变化的主要原因。除二氧化碳之外，具有增暖效应的温室气体还包括甲烷、氧化亚氮、氢氟碳化物、全氟化碳和六氟化硫。为了应对这一巨大挑战，促进人类社会的可持续发展，我们必须努力减少温室气体排放，力争于2030年前达到峰值（碳达峰），努力争取2060年前实现碳中和。通过科学认知、务实行动与跨界合作，人类终将迈向一个更清洁、更公平、更可持续的零碳时代。

本书就是在这一背景和原则的基础上，试图构建理解碳中和的多棱镜。我们将穿越气候科学的证据长廊，审视温室气体监测卫星传回的数据脉冲；走进实验室见证钙钛矿光伏材料的微观奇迹，剖析碳捕集装置的分子筛如何捕捉流动的二氧化碳；在政策制定者的沙盘推演中观察碳关税引发的国际贸易格局震动；在牧民的转场路线图上读懂草原碳汇与游牧智慧的现代价值。这些看似离散的片段，终将在系统思维的框架下编织成网，因为碳中和从来不是单一技术的胜利，而是文明范式的整体跃迁。

本书共分8章，第1章为全球气候变化及“双碳”战略的提出，介绍了碳中和、碳减排的基本概念；第2章为应对气候变化措施，分别阐述了全球碳中和面临的挑战和难题以及解决措施；第3~4章以碳中和为主线，分别介绍节能减排和新能源替代；第5章为碳汇，探讨地球自然和人为二氧化碳减排理论、实践和成果；第6章为碳排放交易，介绍了碳排放交易的定义、交易流程及其意义与作用；第7章为碳捕获和存储（CCS）技术，探讨碳捕获与封存技术的基本概况、发展现状与应用情况；第8章为中国及全球陆地生态系统碳源汇，介绍了陆地生态系统碳循环、碳源汇特征及其对碳中和的贡献。

本书旨在系统阐述碳中和与碳达峰的科学内涵、政策路径及实践案例。我们将从气候变化的基础知识出发，剖析全球碳中和行动的背景与趋势；解读中国“双碳”战略的政策框架与行业转型方向；探讨能源革命、技术创新、碳市场机制等关键驱动力；并分享国内外企业、城市的低碳实践，以期为中国乃至全球的绿色未来提供参考。

本书可供从事碳中和、二氧化碳减排技术的工程技术人员、科研人员以及有关管理人员使用，也可作为高等院校环境科学、环境工程、环境管理、生态科学等相关专业的本科生和研究生的教材和参考书。

本书由重庆文理学院蒋山泉、刘菊梅、刘红盼撰写，其中蒋山泉撰写第2~4章，刘菊梅撰写第1、5~7章，刘红盼撰写第8章。梁书婷、孙向卫、胡承波、李强参与书稿整理，并参加了部分章节插图绘制工作。

本书内容涉及的有关研究获国家自然科学基金项目（42103078）、国家自然科学基金面上项目（32172510）、重庆市教育委员会科学技术研究项目（KJQN202401307）、重庆市“十四五”资源与环境重点学科经费的资助，在此一并表示感谢。

本书在撰写过程中，参考了一些单位和个人的著作和资料，在此谨向他们表示衷心的感谢。

由于作者水平所限，书中不妥或疏漏之处，敬请广大读者批评指正。

作　者

2025年5月

目　录

1 全球气候变化及“双碳”战略的提出

1.1 碳达峰和碳中和的意义

气候变化是人类面临的最严峻挑战之一。工业革命以来，人类活动燃烧化石能源、工业过程以及农林和土地利用变化所排放的大量二氧化碳（CO_2）滞留在大气中，是造成气候变化的主要原因。除二氧化碳之外，具有增暖效应的温室气体还包括甲烷、氧化亚氮、氢氟碳化物、全氟化碳和六氟化硫。为了应对气候变化，促进人类社会的可持续发展，我们必须努力减少温室气体排放。

碳达峰是指全球、国家、城市、企业等主体的碳排放在由升转降的过程中，碳排放的最高点（即碳峰值）。大多数发达国家已经实现碳达峰，碳排放进入下降通道。我国目前碳排放虽然比2000—2010年的快速增长期增速放缓，但仍呈增长态势，尚未达峰。

碳中和是指人为排放源与通过植树造林、碳捕集与封存（CCS）技术等人为吸收汇达到平衡。碳中和目标可以设定在全球、国家、城市、企业活动等不同层面，狭义是指二氧化碳排放，广义也可指所有温室气体排放。对于二氧化碳，碳中和与净零碳排放概念基本可以通用；对于非二氧化碳类温室气体，情况比较复杂。由于甲烷是短寿命的温室气体，只要排放稳定，不需要零排放，长期来看也不会对气候系统造成影响。

根据2020年12月全球碳项目（global carbon project，GCP）发布的《2020年全球碳预算》报告估计，陆地和海洋大约吸收了全球54%的碳排放，那么是否全球减排一半就可以实现碳中和了呢？答案是否定的。需要特别强调的是，碳中和目标的吸收汇只包括通过植树造林、森林管理等人为活动增加的碳汇，而不是自然碳汇，也不是碳汇的存量。海洋吸收二氧化碳造成海洋的不断酸化，对海洋生态系统造成不利影响。陆地生态系统自然吸收的二氧化碳是碳中性的，并非永久碳汇。例如，森林生长期吸收碳，成熟期吸收能力下降，死亡腐烂后二氧化碳重新排放到空气中；一场森林大火还可能将森林储存的碳变为二氧化碳快速释放。因此，人为排放到大气中的二氧化碳必须通过人为增加的碳吸收汇清除，才能达到碳中和。

根据2018年政府间气候变化专门委员会（IPCC）1.5 ℃特别报告的主要结论，要实现《巴黎协定》下将全球平均气温上升幅度控制在比工业化前水平高

2 ℃以内的目标，要求全球在2030年比2010年的碳减排25%，在2070年左右实现碳中和（2010年全球碳排放量约为330亿吨）。如果实现1.5 ℃目标，则要求全球在2030年比2010年的碳减排45%，在2050年左右实现碳中和。无论如何，全球碳排放都应在2020—2030年尽早达峰。

2015年巴黎会议前夕，中国承诺2030年左右实现碳达峰，到2020年单位国内生产总值二氧化碳排放比2005年下降40%～45%，非化石能源占一次能源消费比重达到15%左右，森林面积比2005年增加4000万公顷，森林蓄积量比2005年增加13亿立方米。2020年9月22日，习近平主席在联合国一般性辩论时宣布中国2030年前碳排放达峰，2060年前实现碳中和。2020年12月12日，习近平主席在气候雄心峰会上宣布中国国家自主贡献新举措。到2030年，中国单位国内生产总值二氧化碳排放将比2005年下降65%以上，非化石能源占一次能源消费比重将达到25%左右，森林蓄积量将比2005年增加60亿立方米，风电、太阳能发电总装机容量将达到12亿千瓦以上。

1.2 《联合国气候变化框架公约》

《联合国气候变化框架公约》(United Nations Framework Convention on Climate Change，UNFCCC）是联合国可持续发展推动的重要公约（以下简称《公约》)。

1.2.1 背景与通过

时间：联合国大会于1992年5月9日通过。

签署：同年6月在巴西里约热内卢召开的由世界各国政府首脑参加的联合国环境与发展会议期间开放签署。

生效：1994年3月21日，该《公约》生效。

1.2.2 缔约方与签署情况

截至2023年10月，共有198个缔约方。

《公约》由序言及26条正文组成，具有法律约束力。

1.2.3 目标与原则

终极目标：将大气温室气体浓度维持在一个稳定的水平，在该水平上人类活动对气候系统的危险干扰不会发生。

原则：根据“共同但有区别的责任”原则，《公约》对发达国家和发展中国家规定的义务以及履行义务的程序有所区别。要求发达国家作为温室气体的排放大户，采取具体措施限制温室气体的排放，并向发展中国家提供资金以支付他们履行公约义务所需的费用。发展中国家只承担提供温室气体源与温室气体汇的国家清单的义务，制订并执行含有关于温室气体源与汇方面措施的方案，不承担有法律约束力的限控义务。

1.2.4 主要内容

（1）气候系统的保护目标。
（2）为实现目标而采取行动所遵循的原则。
（3）缔约国承诺采取的行动和措施。
（4）气候变化的研究和系统观测。
（5）气候变化及其影响的教育、培训及公众意识的提高。
（6）缔约方会议的设立及其职责。
（7）附属机构和附属科技咨询机构的设立及其职能。
（8）资金机制的建立及其运行方式。
（9）有关信息的交流。
（10）争端的解决。

1.2.5 后续行动与进展

《公约》建立了一个向发展中国家提供资金和技术，使其能够履行公约义务的机制。

《公约》框架下，多次召开缔约方大会，推动各国在应对气候变化方面的合作与行动。

2023 年 4 月，《联合国气候变化框架公约》中文版网站上线。

1.2.6 与其他国际公约的关系

《联合国气候变化框架公约》与《联合国防治荒漠化公约》和《生物多样性公约》并称为“里约三公约”，共同构成了联合国环境与发展大会框架下的三大重要环境公约。

综上所述，《联合国气候变化框架公约》是全球应对气候变化的重要法律文书，旨在将大气温室气体浓度维持在一个稳定的水平，防止人类活动对气候系统造成危险干扰。《公约》对发达国家和发展中国家规定了不同的义务和履行程序，并建立了资金和技术转让机制，以支持发展中国家履行公约义务。

1.3 《京都议定书》

《京都议定书》(Kyoto Protocol) 是《联合国气候变化框架公约》(UNFCCC) 的补充条款，于 1997 年 12 月在日本京都由《联合国气候变化框架公约》参加国三次会议制定，并于 2005 年 2 月 16 日正式生效。

1.3.1 目标与原则

《京都议定书》的目标是“将大气中的温室气体含量稳定在一个适当的水平，进而防止剧烈的气候改变对人类造成伤害”。它基于“共同但有区别的责任和各自能力”(common but differentiated responsibility and respective capabilities) 原则，主要对发达国家进行约束，承认这些国家历史上对大气中当前高水平温室气体负有主要责任。

1.3.2 主要内容

《京都议定书》(以下简称《议定书》) 总共包含了28条条款以及附件A和附件B两个附件，分为以下七个主要的方面。

(1) 温室排放气体控制的目标：《议定书》对于附件——缔约方的温室气体排放量做出了具有法律约束力的定量限制。条款中规定，附件——缔约方应个别或者共同地确保附件A所列温室气体排放总量不超过附件B中所登记的排放量限制，并规定附件——缔约方2008—2012年的温室气体排放量相对于1990年削减5.20%。

(2) 需要削减排放的温室气体：《议定书》附件A中规定了6种需要削减的温室气体，分别是二氧化碳（管制基准年为1990年)、甲烷（管制基准年为1990年)、氧化亚氮（管制基准年为1990年)、氢氟碳化物（管制基准年为1995年)、全氟化碳（管制基准年为1995年)，以及六氟化硫（管制基准年为1995年)。之后于2005年2月16日生效的《议定书》文本中，还涵盖了三氟化氮这一温室气体。

(3) 灵活的协助限排机制：为达到《议定书》中所规定的限排目标，减少发达国家为达到减排目标而付出的代价，《公约》引入了三种灵活机制，分别是联合履约机制（JI)、排放贸易机制（ET，又称国际排放交易）和清洁发展机制(CDM)。

联合履约机制和清洁发展机制都是基于项目合作方面的减排机制，都是通过境外减排来获得减排额度，以此履行在《议定书》中所规定的减排目标。不同的是，联合履约机制是附件——国家之间的合作，而清洁发展机制是附件——国家与非附件——国家之间的合作。

(4) 碳汇制度：《议定书》允许缔约国通过“碳汇”活动（如植树造林等）所吸收的二氧化碳，抵消其所承诺的一定比例的温室气体的减排数量。

(5) 资金机制：为了进一步保障发展中国家履行义务的资金，《议定书》规定，发达国家缔约方应提供新的和额外的资金，帮助发展中国家缔约方支付履行有关承诺所引起的全部增加费用，并且规定这笔资金应当充足且可以预测。

（6）遵约机制：《议定书》中规定，缔约方会议应当在第一届会议通过一套适当且有效的程序和机制，用以断定和处理不遵守本《议定书》的情势，包括就后果列出一个指示性清单。同时在处理缔约国不遵守程序时，考虑到不遵守的原因、类型和次数。不过，该《议定书》只构建了不遵守程序的原则性框架，而没有具体的运行规则。

（7）生效条件：《议定书》规定了三个生效条件，第一个是需经各国国内程序批准《议定书》的国家达到 55 个；第二个是在批准《议定书》的国家中，其合计的 1990 年二氧化碳排放量需至少占附件一所列缔约方成员 1990 年二氧化碳排放量的 55%；第三个是在满足以上两个条件后，《议定书》于其后第 90 天正式开始生效。

1.3.3 发展历程与现状

第一承诺期：从 2008 年开始至 2012 年结束。所有 36 个完全参与第一承诺期的国家都遵守了协议，尽管 9 个国家由于国内排放略高于其目标，不得不利用灵活机制在其他国家资助减排。

多哈修正案：2012 年，在卡塔尔多哈通过了《京都议定书》的多哈修正案，为 2013—2020 年启动了第二承诺期，其中 37 个国家有约束性目标。该修正案加强了发达国家的量化排放限制或减排承诺，并设定了新的温室气体排放的目标，即使参与第二个承诺期国家的温室气体排放量在 1990 年的水平上降低 18%。这与第一个承诺期在 1990 年的水平上平均降低 5% 的目标相比，有大幅度的增加。2020 年 10 月 2 日，《联合国气候变化框架公约》秘书处宣布，随着牙买加和尼日利亚在当日批准《京都议定书多哈修正案》，这一旨在为《京都议定书》确立第二个承诺期的历史性文件将在 90 天后正式生效。

国家态度：美国、加拿大等国相继退出《京都议定书》。其中，2001 年 3 月，新上任的美国总统小布什以“减少温室气体排放会影响美国经济发展”和“发展中国家也应当承担减排义务”为由，宣布单方面退出《京都议定书》。在十年后的 2011 年，加拿大在德班气候变化大会闭幕一天之后，也正式宣布退出《京都议定书》，并称该协议并不能够帮助解决气候问题。此举使得加拿大成为继美国之后第二个签署但又退出《京都议定书》的国家。两大发达国家的相继退出，无疑给《京都议定书》及其相关修订案的顺利实施蒙上了阴影。

1.3.4 意义与影响

《京都议定书》是人类生态环境文明发展的重要里程碑，它完成了机制上的革新，创造性地建立了三个以市场为基础的灵活机制，即联合履约机制、排放贸易机制和清洁发展机制，这三种机制也给日后多国家间、各国家内部的减排制度的选择与建设给予了很大的参考。同时，它也体现出高度的包容性与灵活性，以及公平的原则。

然而，《京都议定书》也存在局限性，如可能带来“碳泄漏”现象、所包含的周期过短等。尽管如此，它仍然为国际社会应对气候变化、推动全球减排合作做出了重要贡献。

1.4 《巴黎协定》

1.4.1 《巴黎协定》的内容和意义

《巴黎协定》(The Paris Agreement) 是由全世界178个缔约方（截至相关讨论时的数据，后续缔约方数量可能有所变化）共同签署的气候变化协定，是对2020年后全球应对气候变化的行动作出的统一安排。

1.4.1.1　背景与签署

背景：随着全球气候变化的日益严峻，国际社会迫切需要采取行动以减缓气候变化的进程并降低其影响。在此背景下，《巴黎协定》应运而生。

签署：《巴黎协定》于2015年12月12日在第21届联合国气候变化大会（巴黎气候大会）上通过，并于2016年4月22日在美国纽约联合国大厦签署。它是继1992年《联合国气候变化框架公约》、1997年《京都议定书》之后，人类历史上应对气候变化的第三个里程碑式的国际法律文本，形成2020年后的全球气候治理格局。

1.4.1.2　目标与内容

长期目标：将21世纪全球平均气温较前工业化时期上升幅度控制在2 ℃以内，并努力将温度上升幅度限制在1.5 ℃以内，这一目标的设定旨在大大减少气候变化的风险和影响。

主要内容：各国应制定并实施国家自主贡献（NDCs），以减少温室气体排放并适应气候变化。《巴黎协定》鼓励各国加强合作，通过技术转移、资金支持等方式共同应对气候变化。

发达国家承诺提供资金，帮助发展中国家应对气候变化，目标为2020年后每年1000亿美元。

《巴黎协定》于2016年11月4日生效，截至2021年，已有190多个缔约方批准。

《巴黎协定》还设立了全球气候治理机制，以确保各国能够履行其承诺并进行有效的监督。

1.4.1.3 实施与进展

实施时间：《巴黎协定》于2016年11月4日起正式实施。

进展：自实施以来，各国纷纷制定并实施了自己的国家自主贡献，并在全球范围内开展了一系列合作活动。例如，联合国气候变化大会（COP）等会议为各国提供了交流和合作的平台，推动了全球气候治理的进程。

1.4.1.4 意义与影响

意义：《巴黎协定》是全球气候治理领域的重要里程碑，它标志着国际社会在应对气候变化方面取得了重大进展。该协定的签署和实施有助于减缓气候变化的进程、降低其影响，并为实现可持续发展奠定基础。

影响：《巴黎协定》的签署和实施对全球气候治理产生了深远的影响。它推动了各国在减排、适应和合作等方面的努力，促进了全球气候治理体系的完善和发展。同时，该协定也为国际社会在应对气候变化方面树立了榜样和标杆。

1.4.1.5 争议与退出

生效条件：至少55个缔约方（占全球温室气体排放55%以上）批准后生效。

退出机制：美国曾在2017年宣布退出，美国总统特朗普于2017年6月宣布，美国将“停止落实不具有约束力的《巴黎协定》”。根据《巴黎协定》规定，该协定生效3年后（即2019年11月4日），缔约方才能正式要求退出，退出过程需要一年时间。因此，美国于2020年11月4日起正式退出《巴黎协定》，但在2021年重新加入，2025年1月特朗普再次宣布退出。

1.4.1.6 其他相关协定

值得注意的是，除了《巴黎协定》外，国际社会还签署了其他与气候变化相关的协定和公约。例如，《联合国气候变化框架公约》旨在将大气温室气体浓度维持在一个稳定的水平，以避免人类活动对气候系统造成危险干扰。这些协定和公约共同构成了全球气候治理的体系框架，为应对气候变化提供了有力的制度保障。

综上所述，《巴黎协定》是全球气候治理领域的重要协定，它设定了明确的目标和主要内容，推动了各国在应对气候变化方面的合作和努力。该协定的签署和实施对全球气候治理产生了深远的影响，并为实现可持续发展奠定了基础。

《巴黎协定》是全球应对气候变化的重要国际法律文本，其实施对于全球环境保护和可持续发展具有重要意义。然而，其也面临着一些争议和挑战，需要各国共同努力来推动它的实施和完善。

1.4.2 《巴黎协定》中发达国家缔约方的义务

《巴黎协定》中发达国家缔约方的义务主要包括以下几个方面：

（1）减排义务。发达国家缔约方有义务采取措施，努力实现全球经济的绝对减排目标。这包括制定并实施减排政策，推广清洁能源和低碳技术，减少温室气体排放等。同时，发达国家缔约方应定期更新其减排目标，并在每五年一次的全球盘点中提高减排力度。

（2）资金和技术支持义务。

资金支持：发达国家缔约方应为协助发展中国家缔约方减缓和适应气候变化提供资金资源。这些资金应优先资助致力于气候变化的减缓活动，兼顾适应活动。发达国家缔约方应通过全球环境信托基金、气候变化特别基金、最不发达国家基金以及适应基金等机制，调动气候资金，并逐步超过先前的努力水平。

技术支持：除了资金支持外，发达国家缔约方还应加强与发展中国家的合作，推动气候友好型技术的开发和转让。这包括减少技术壁垒，促进技术的广泛应用，以及帮助发展中国家建立应对气候变化的技术能力。

（3）适应义务。考虑到气候变化的不可逆转性，发达国家缔约方也应积极参与全球适应目标的制定和实施。这包括推动适应气候变化的政策和措施，加强适应气候变化的国际合作，以及帮助发展中国家提高其适应气候变化的能力。

（4）透明度义务。发达国家缔约方在行动和资助两方面应强化透明度。这包括定期提交和更新国家信息通报，包括其减排目标的实施情况、资金和技术支持的提供情况等。同时，发达国家缔约方还应接受国际社会的监督和评审，确保其履行协定下的各项义务。

《巴黎协定》为发达国家缔约方设定了一系列明确的义务，旨在推动全球应对气候变化的行动，促进各国之间的合作与交流。发达国家缔约方应积极履行这些义务，为全球气候治理做出更大的贡献。

1.4.3 《巴黎协定》中不发达国家缔约方的义务

在《巴黎协定》中，发展中国家缔约方，特别是最不发达国家和小岛国等脆弱国家，虽然自身发展和应对气候变化的能力相对不足，但也承担了一定的义务。以下是对发展中国家在《巴黎协定》中义务的具体阐述：

（1）减缓义务。发展中国家缔约方应当继续加强它们的减缓努力，逐渐实现全球经济绝对减排或限排目标。这包括制定并实施适合本国国情的减缓气候变化的政策和措施，推动清洁能源和低碳技术的发展，以及减少温室气体排放等。

虽然这些努力可能不如发达国家那样具有强制性，但发展中国家仍需在自身能力范围内尽力而为。

（2）适应义务。发展中国家缔约方需要积极适应气候变化的影响。这包括制定和实施适应气候变化的政策和措施，提高应对气候变化的能力，以及加强国际合作以获取必要的支持。适应气候变化对于发展中国家来说尤为重要，因为它们往往更容易受到气候变化带来的负面影响。

（3）透明度义务。发展中国家缔约方也应强化透明度，定期提交和更新适应信息通报，这些通报可以包括其优先事项、执行和资助需要、计划和行动等。虽然不要求发展中国家承担与发达国家相同的透明度义务，但它们仍需在能力范围内提供必要的信息，以便国际社会更好地了解其应对气候变化的进展和挑战。

（4）接受支持与合作。发展中国家缔约方有权接受发达国家缔约方提供的资金、技术和能力建设支持。这些支持旨在帮助发展中国家提高应对气候变化的能力，实现可持续发展。同时，发展中国家也应积极参与国际合作，共同应对气候变化的挑战。

发展中国家在《巴黎协定》中承担了一定的减缓、适应、透明度和接受支持与合作等义务。这些义务虽然相对灵活，但仍需发展中国家在自身能力范围内尽力而为，以实现全球应对气候变化的长期目标。

1.5　温室气体与碳循环

1.5.1　有哪些气体是温室气体

从组成地球大气的成分来看，氮气（N_2）占 78%、氧气（O_2）占 21%、氩气（Ar）等差不多占了 0.9%，这些占大气中 99% 以上的气体都不是温室气体，这些非温室气体一般来说与入射的太阳辐射相互作用极小，也基本上不与地球放射的红外长波辐射产生相互作用。也就是说，它们既不吸收也不放射热辐射，对地球气候环境的变化也基本上不会产生什么影响。对地球气候环境有重大影响的是大气中含量极少的温室气体，这些气体只占大气总体积混合比的 0.1% 以下，由于它们能够吸收和放射辐射，在地球能量收支中起着重要的作用。

温室气体主要包括水蒸气（H_2O）、二氧化碳（CO_2）、甲烷（CH_4）、氧化亚氮（N_2O）、臭氧（O_3）、一氧化碳（CO），以及氯氟烃、氟化物、溴化物、氯化物、醛类和各种氮氧化物、硫化物等极微量气体。水蒸气能凝结和沉降，其在大气中通常会停留 10 天时间，通过人为源头进入大气的流量比“自然”蒸发的要少得多。因此，它对长期的温室效应没有显著作用。这就是对流层水汽（通常低于 10 km 高度）不被认为是造成辐射强迫的人为气体的主要原因。在平流层（大气层 10 km 以上的部分），人为排放对水汽确实有显著影响。平流层水汽对变暖的贡献，从强迫和反馈两方面来讲，都要比来自甲烷或二氧化碳的小得多。因此，一般认为水汽是一种反馈介质，而不是引发气候变化的强迫。二氧化碳、甲烷等温室气体可以吸收地表长波辐射，与“温室”的作用相似，对保持全球气候的适宜性具有积极的作用。若无“温室效应”，地球表面平均气温将是 –19 ℃，而非现在的 14 ℃。但是，一旦大气中温室气体的浓度在短时间内出现剧烈变化，气候系统中原有的稳定和平衡就会被破坏。

温室气体基本可分为两大类，一类是地球大气中所固有的，但是工业化（约 1750 年）以来由于人类活动排放而明显增多的温室气体，包括二氧化碳、甲烷、氧化亚氮、臭氧等；另一类是完全由人类生产活动产生的（即人造温室气体），如氯氟烃、氟化物、溴化物、氯化物等。例如，氯氟烃（如 CFC-11 和 CFC-12）曾被广泛用于制冷机和其他的工业生产中，人类活动排放的氯氟烃导致了地球平流层臭氧的破坏。20 世纪 80 年代以来，由于制定了保护臭氧层的国际公约，氯氟烃等人造温室气体的排放量正逐步减少。

由于二氧化碳含量在温室气体中占比最高，且温室效应最显著，因此减排一般是指减少二氧化碳排放，碳达峰即是二氧化碳达峰。如果考虑所有温室气体，则可将非二氧化碳温室气体排放量乘以其温室效应值（如 GWP）后换算为等价二氧化碳当量，这样可以将不同温室气体的效应标准化。

1.5.2 地球上的碳是怎样循环的

地球上的碳循环主要表现为自然生态系统的绿色植物从空气中吸收二氧化碳，经光合作用转化为碳水化合物并释放出氧气，同时又通过生物地球化学循环过程及人类活动将二氧化碳释放到大气中。自然生态系统的绿色植物将吸收的二氧化碳通过光合作用转化为植物体的碳水化合物，并经过食物链的传递转化为动物体的碳水化合物，而植物和动物的呼吸作用又把摄入体内的一部分碳转化为二氧化碳释放到大气中，另一部分则构成了生物的有机体，自身贮存下来；在动、植物死亡之后，大部分动、植物的残体通过微生物的分解作用又最终以二氧化碳的形式排放到大气中，少部分在被微生物分解之前被沉积物掩埋，经过漫长的年代转化为化石燃料（煤、石油、天然气等），当这些化石燃料风化或作为燃料燃烧时，其中的碳又转化为二氧化碳排放到大气中。全球碳循环示意图如图 1-1 所示。

大气和海洋、陆地之间也存在着碳循环，二氧化碳可由大气进入海水，也可由海水进入大气，这种碳交换发生在大气和海水的交界处；大气中的二氧化碳也可以溶解在雨水和地下水中成为碳酸，并通过径流被河流输送到海洋中，这些碳酸盐通过沉积过程又形成石灰岩、白云石和碳质页岩等；在化学和物理作用下，这些岩石风化后所含的碳又以二氧化碳的形式排放到大气中。人类活动通过化石

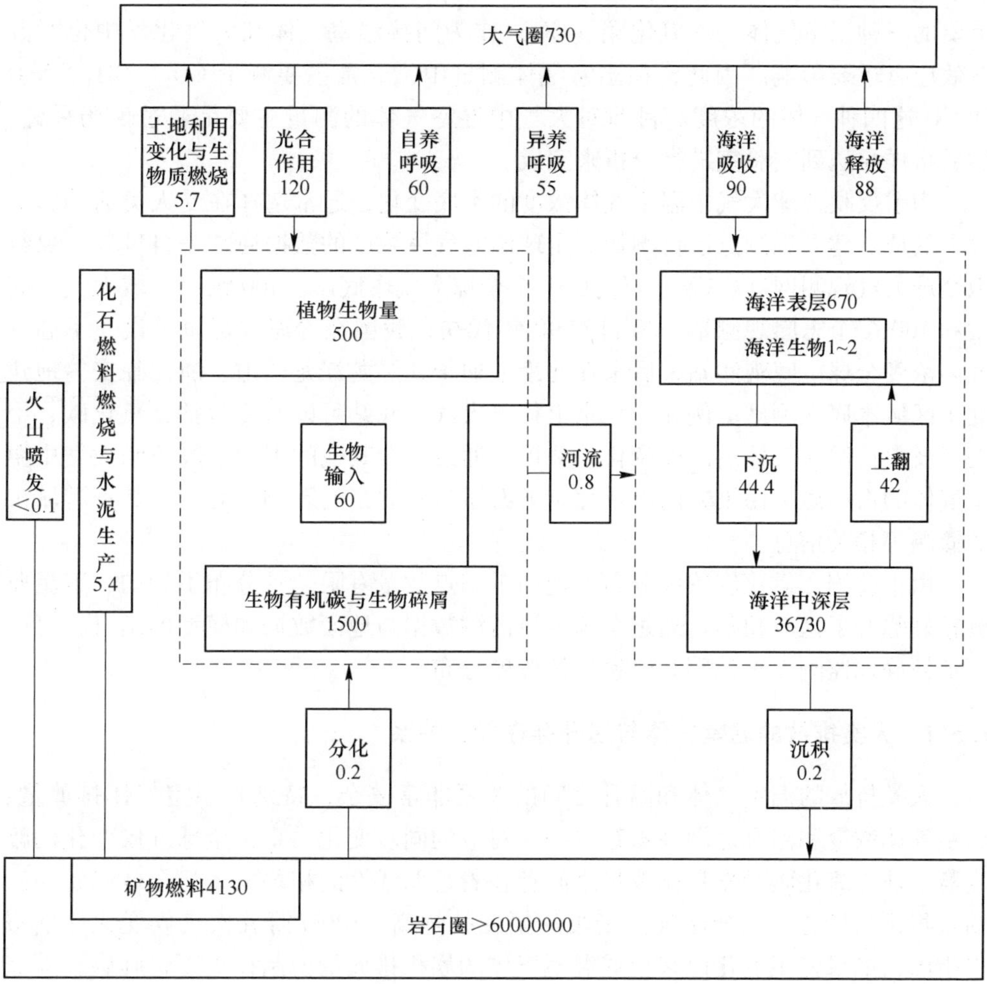

图 1-1　全球碳循环示意图（单位：10 亿吨/年）

（资料来源：《中国气象百科全书·气象预报预测卷》，数字来自 IPCC 第三次评估报告，2001）

燃料燃烧向大气中释放了大量的二氧化碳，所释放的这些二氧化碳大约有 57% 被自然生态系统吸收、约 43% 留在了大气中。留在大气中的这部分二氧化碳使全球大气中二氧化碳浓度由工业化前的 $280\times10^{-4}\%$ 增加到 2019 年的 $410\times10^{-4}\%$，导致了全球气候系统的变暖。

1.5.3　如何测量温室气体的变化

地球大气中温室气体浓度的增加已成为导致全球气候和环境变化的主要原因，测量大气中主要温室气体浓度的变化，对于研究其源、汇和输送规律，对于了解气候变化、减少能源消耗和污染排放都有重要意义。CO_2、CH_4 和 N_2O 是最重要的三种温室气体，一氧化碳（CO）作为间接温室气体在大气化学中也对温室效应有重要影响。因此，在温室气体测量中，通常主要测量 CO_2、CH_4、N_2O 和 CO 这四种气体的浓度。目前对大气中温室气体的测量主要是通过现场采样，然后将样品送到实验室进行分析来完成。

为了反映地球大气中温室气体浓度的本底变化，通常选择在受人类活动影响较少的地点建立观测点进行测量。全球温室气体浓度的数据通常来自世界气象组织全球大气观测网（GAW），包括 31 个全球大气本底站、400 余个区域大气本底站和 100 多个志愿观测站。20 世纪 90 年代初，我国在青海省瓦里关设立了温室气体浓度全球本底观测站，后来在北京上甸子、黑龙江龙凤山、浙江临安等地建立了区域本底观测站。例如，北京上甸子大气本底站可以监测包括二氧化碳、甲烷以及卤代温室气体的浓度变化，并可以通过结合其他的观测手段监测大气中温室气体的污染源、污染方向以及北京上游城市对北京的影响、北京对其下游城市的影响等相关信息。

由于监测二氧化碳浓度分布的地面观测点数量有限，且分布不均匀，卫星监测较好弥补了这一缺陷。通过全球卫星监测数据与地面数据和模型的结合，可以更加精确地监测二氧化碳和温室气体浓度分布。

1.5.4　人类排放的温室气体与温升存在什么关系

人类排放的温室气体和温升之间的关系非常复杂，特别是温室气体排放量、温室气体浓度和温升之间并不存在一一对应的同步变化关系；全球气候变化的幅度与全球二氧化碳的累积排放量之间存在着近似线性的相关关系，全球二氧化碳的累积排放量越大，全球气候变暖的幅度就越高。IPCC 第五次气候变化评估报告指出，如果将工业化以来全球温室气体的累积排放量控制在 1 万亿吨碳，那么人类有三分之二的可能性能够把全球升温幅度控制在 2 ℃以内（与 1861—1880 年相比）；如果把累积排放量放宽到 1.6 万亿吨碳，那么有三分之一的概率能实现 2 ℃的温控目标。

需要指出的是，地球大气中本身就含有一定浓度的二氧化碳，地球上许多不同的自然生态系统过程也都会吸收和释放二氧化碳，因此大气中的二氧化碳浓度本身就存在时间和空间上的自然变率。当二氧化碳（不管是自然释放的还是人为排放的）进入大气时会被风混合，并随着时间的推移而分布到全球各地。这种混合过程在北半球或南半球的尺度上需要 1～2 个月的时间，在全球尺度上则需要一年多的时间，因为北半球和南半球之间混合的速度很慢（主要是因为地球大气运动以纬向为主）。

如果用一个游泳池里面的水量来代表大气中的二氧化碳含量，用水位高低的变化来代表大气中二氧化碳总量的变化，那么，在没有人为碳排放的情况下，这个游泳池的水位也会发生变化，因为有雨水进入（代表地球自然生态系统排放的二氧化碳）使水位升高，而水面蒸发（代表地球自然生态系统吸收的二氧化碳）又使水位降低。如果把大气中 10 亿吨的二氧化碳换算成 1 m^3 的水，则大气中所有的二氧化碳就组成了这个面积为 25×15 m^2、深度为 1.57 m 的游泳池。在没有人为碳排放的情况下，每年有 110 m^3 的雨水流进了泳池，由于泳池的表面蒸发，每年泳池损失的水量也差不多，因此在自然状态下泳池的水位是基本上保持稳定的（水位在 1.57 m 左右），也就是说，这种稳定状态下的水池并不会引起全球温升。但是，由于工业化以来产生了人为碳排放，相当于在泳池上面安装了一个“水龙头”，水龙头向游泳池中流入的水量代表人为二氧化碳排放量。目前水龙头大约每年向水池中增加 10 m^3 的水，但其中有 5.7 m^3 通过蒸发又流出去了，只有 4.3 m^3 留在了水池中，这相当于每年的人为碳排放使水位增加 1.1 cm，工业化以来的人为碳排放已经累计使泳池水位增加了 64 cm，则现在的水位已经达到 2.21 m。也就是说，正是 1750 年以来增加的这 64 cm 水位造成了目前全球相比工业化前超过 1 ℃的温升。未来如果泳池水位继续升高，全球气温也将继续升高；只有当水位保持稳定的情况下（人为碳排放为净零，即碳中和），全球温升幅度才会稳定在一定的水平上。

1.6 “双碳”战略的提出

“碳达峰”就是我们国家承诺在 2030 年前，二氧化碳的排放不再增长，达到峰值之后再慢慢减下去；到 2060 年，针对排放的二氧化碳，要采取植树、节能减排等各种方式全部抵消掉，这就是“碳中和”。“碳中和”即一般意义上的 CO_2 减排。

“双碳”战略的提出不是偶然的。20 世纪以来，气候变化问题成为世界各国面临的共同威胁，以 CO_2 为主的温室气体大量排放导致的全球气候变暖已经成为威胁全人类发展的最大非传统安全挑战。根据国际权威组织联合国政府间气候变化专门委员会（IPCC）在 2007 年发布的第四次综合评估报告，在过去的 50 年中，传统化石能源消费产生的 CO_2 排放是造成全球气候变暖的重要因素。随后，IPCC 在 2023 年发布的第六次综合评估报告中指出，世界平均气温在 1850—1900 年间增加了约 1 ℃，并且预测在未来 20 年间世界平均气温或将进一步增加超过 1.5 ℃。人类如何在控制气候变化前提下实现经济持续发展，已经成为各个国家亟待解决的痛点问题。

中国自改革开放以来经济高速增长，创造了令世界瞩目的东方奇迹。国家统计局公布的 2023 年中国经济运行数据显示，全年国内生产总值超 126 万亿元。

中国作为世界第二大经济体，对世界经济增长贡献率有望超过 30%，是世界经济增长的重要引擎。中国经济的腾飞不可避免地伴随着大量能源消费产生的 CO_2 排放。2022 年，中国所有能源消费中化石能源占比为 82.5%，尽管该比例较 2012 年的 90.3% 有一定程度的下降，但中国的能源消费结构依旧不合理，随着中国城镇化与工业化的持续发展，如何控制能源消费产生的 CO_2 排放将成为严峻的挑战。

中国 2023 年碳排放总量为 121 亿吨。2023 年，中国二氧化碳排放量减少了 2300 万吨，但仍高达 121 亿吨，约占全球总量的三分之一。全球能源相关的二氧化碳排放量在 2023 年增长 1.1%，增加了 4.1 亿吨，达到 374 亿吨的创纪录新高。相比之下，2022 年增加了 4.9 亿吨（1.3%）。2023 年，煤炭排放量占到增量的 65% 以上。

2019—2023 年，与能源相关的总排放量增加了约 9 亿吨。如果 2019 年以来没有五种关键清洁能源技术（太阳能光伏、风能、核能、热泵和电动汽车）的不断部署，排放量的增长将是现在的 3 倍。

2 应对气候变化措施

碳中和的技术措施涉及多个领域，旨在通过减少碳排放、提升能源效率、发展清洁能源以及增加碳吸收能力（碳汇）来实现净零排放。

2.1 气候变化的范畴

气候指的是地球上某一地区多年时段内大气的一般状态，是该时段内各种天气过程的综合表现。它通常以冷、暖、干、湿等特征来衡量，并由某一时期气象要素（如温度、降水、风等）的平均值和离差值来表征。

气候的时间尺度通常为月、季、年、数年到数百年以上。它描述的是长期的大气状态，而非短期的天气变化。

气候具有相对的稳定性，这意味着在某一地区多年的气候特征往往保持一定的相似性。然而，气候并非一成不变，它也会受到多种因素的影响而发生变化。尽管如此，了解一个地区的气候特点仍然可以帮助人们预先做好在那里生活一段时间的准备。

气候的形成主要是由于热量变化引起的，而太阳辐射是气候的根本动力来源。此外，地理因素（如地理纬度、海陆分布、地形和洋流）也对气候的形成产生重要影响。这些因素最终都可以归结到太阳辐射的影响上。

根据空间尺度大小，气候可分为大气候、中气候与小气候。大气候是指全球性和大区域的气候，如热带雨林气候、地中海型气候、极地气候、高原气候等；中气候是指较小自然区域的气候，如森林气候、城市气候、山地气候以及湖泊气候等；小气候则是指更小范围的气候，如贴地气层和小范围特殊地形下的气候。

各种气候类型具有不同的特征。例如，热带雨林气候全年高温多雨；热带草原气候全年高温，但分干湿两季；地中海气候则冬季温和多雨，夏季炎热少雨。

气候与人类社会有密切关系，它不仅影响人类的生存环境和生活方式，还对人类的生产活动和社会经济发展产生重要影响。因此，了解和研究气候对于人类社会的可持续发展具有重要意义。

综上所述，气候是地球上某一地区多年时段内大气的一般状态，是该时段内各种天气过程的综合表现。它具有相对的稳定性，但也会受到多种因素的影响而发生变化。了解和研究气候对于人类社会的可持续发展具有重要意义。

气候变化是指长时期内（典型的为 30 年或更长）气候状态的变化，这种变化通常用不同时期的温度和降水等气候要素的统计量的差异来反映。

气候变化不仅包括气候平均状态统计学意义上的巨大改变，也包括变率的变化。它涉及温度、降水、风等多种气候要素的变化，这些变化可能由多种原因引起，包括自然因素和人为因素。

2.2　气候变化对全球影响

2.2.1　自然因素

地球轨道的变化：如地轴的倾斜角度、地球公转轨道的形状等微小变化，都会影响地球接收到的太阳辐射量，进而影响气候。

太阳辐射的变化：太阳辐射是地球气候系统的主要能量来源，其变化直接影响气候系统。

火山活动：火山喷发会释放大量的火山灰和气溶胶，这些物质能够反射太阳辐射，减少地球接收到的热量，对气候产生影响。

气候系统内部的相互作用：气候系统包括大气、海洋、冰盖、陆地等多个组成部分，它们之间的相互作用也会导致气候的自然变化。

2.2.2　人为因素

温室气体排放：人类燃烧化石燃料（如煤炭、石油等）和森林砍伐等活动会释放大量的二氧化碳等温室气体，这些气体会在大气中形成温室效应，导致地球气温持续上升。

气溶胶含量变化：人类活动还会改变大气中的气溶胶含量，气溶胶能够影响云的形成和降水过程，对气候产生影响。

城市化进程：城市化进程中的建筑、道路等人工构造物的增加会改变地表的反照率和热容量，进而影响气候。此外，城市化还会带来能源消耗的增加和温室气体的排放。

2.2.3　生态环境

物种分布变化：气候变化导致许多物种的分布区发生变化，一些物种可能向极地或高海拔地区移动，而另一些物种则可能面临灭绝的风险。

生态系统退化：气候变化破坏了生态系统的结构和功能，导致生物多样性丧失和生态系统退化。

水资源短缺：气候变化可能导致降水模式的改变，进而影响水资源的分布和可用性，造成水资源短缺。

2.2.4 经济社会

农业生产受影响：气候变化对农业生产产生重要影响，如干旱、洪涝等极端天气事件可能导致农作物减产或绝收。

能源需求增加：气候变化导致气温升高和极端天气事件增多，进而增加了制冷和供暖等能源需求。

基础设施受损：极端天气事件可能对基础设施造成破坏，如洪水可能冲毁桥梁、道路等交通设施，对经济社会造成严重影响。

2.2.5 人类健康

疾病传播风险增加：气候变化可能导致某些疾病的传播范围扩大或传播速度加快，如疟疾、登革热等蚊媒传播的疾病。

热浪和寒潮等极端天气事件对人类健康构成威胁：极端高温可能导致中暑、热衰竭等疾病的发生；极端低温则可能导致心血管疾病、呼吸系统疾病等疾病的加重。

2.2.6 解决方案

2.2.6.1 减缓气候变化

减少温室气体排放：通过提高能源利用效率、发展清洁能源、推广低碳技术等措施，减少温室气体排放。

增加生态系统碳汇：通过植树造林、恢复湿地等生态修复措施，增加生态系统的碳汇能力。

2.2.6.2 适应气候变化

加强气候监测与预警系统建设：建立完善的气候监测和预警系统，及时准确地提供气候变化信息，为应对气候变化提供科学依据。

提高生态系统韧性：通过恢复和保护生态系统、提高生物多样性等措施，增强生态系统对气候变化的适应能力。

加强基础设施建设：加强基础设施的防灾减灾能力建设，提高基础设施对极端天气事件的抵御能力。

2.2.6.3 国际合作

加强国际合作与交流：气候变化是全球性问题，需要各国共同努力应对。通过加强国际合作与交流，共同推动全球气候治理进程。

履行国际气候协议：各国应积极履行国际气候协议（如《巴黎协定》）中的承诺，共同应对气候变化挑战。

气候变化是一个复杂而严峻的问题，需要全球共同努力应对。通过减缓气候变化、适应气候变化和加强国际合作等措施，我们可以更好地应对气候变化带来的挑战。

2.3　工业化以来气候发生显著变化的原因和温室气体的排放

2.3.1　全球变暖趋势

工业化革命以来，气候发生了显著的变化，这些变化主要体现在以下几个方面：

（1）全球变暖趋势明显。工业化革命以来，由于化石能源（如石油、煤等）的大规模使用，以及毁林、土地过度开垦等活动，导致大气中二氧化碳、甲烷等温室气体浓度急剧上升。这些温室气体在大气中形成温室效应，阻止热力反射回太空，使得地球气温持续上升。根据联合国防治荒漠化公约第16次缔约方大会（COP16）上欧盟哥白尼气候变化服务局发布的公报，2024年成为全球有记录以来最热的一年，地球四分之三陆地因气候变化逐渐干旱。此外，多份报告和研究表明，全球范围内的温度上升趋势仍在持续，超高温预计将持续到2025年的前几个月。

（2）季节循环和极端天气事件的变化。随着全球变暖，季节循环也趋于整体增暖。具体来说，大暑天增加了81%，从白露到寒露显著推迟了5天左右，而大寒天则减少了57%，这种季节循环的变化导致了极端天气事件的频发和加剧。例如，暴雨、干旱、台风等极端天气事件的发生频率增加，给人们的生活和财产安全带来威胁。

（3）对生态环境和人类社会的影响。气候变化对生态环境和人类社会产生了深远的影响。一方面，气候变化破坏了生态系统的结构和功能，导致生物多样性丧失和生态系统退化；另一方面，气候变化对人类社会也产生了广泛的影响，包括农业生产、能源需求、基础设施、人类健康等方面。例如，气候变化可能导致农作物减产或绝收、增加能源需求，对基础设施造成破坏，以及加剧疾病传播风险等。

2.3.2　全球温室气体的构成对升温1.5 ℃和2 ℃的影响

全球温室气体的构成主要包括以下几种主要气体：

（1）二氧化碳（CO_2）是最主要的温室气体之一，对温室效应的贡献最大，主要来源于化石燃料的燃烧、工业生产过程、土地利用变化（如森林砍伐）等。

（2）甲烷（CH_4）是另一种重要的温室气体，其温室效应比二氧化碳更强（虽然在大气中的浓度较低），主要来源于农业（如稻田、反刍动物的消化过程）、废弃物处理（如垃圾填埋场）、化石燃料的开采和利用等。

（3）氧化亚氮（N_2O）也是一种重要的温室气体，虽然在大气中的浓度相对较低，但其温室效应也很显著，主要来源于农业生产（如化肥的使用）、工业生产（如硝酸的生产）以及汽车尾气的排放等。

（4）氟化气体包括氢氟碳化物（HFCs）、全氟化碳（PFCs）、六氟化硫（SF_6）和三氟化氮（NF_3）等。这些气体的温室效应非常强，虽然在大气中的浓度较低，但对全球变暖的贡献不容忽视，主要来源于工业生产过程（如半导体制造、铝冶炼等）、制冷和空调设备的使用以及消防设备的制造等。

（5）水汽（H_2O），虽然水汽不是人类活动直接排放的温室气体，但它是大气中最重要的温室气体之一，对温室效应的贡献最大（占60%~70%）。水汽的含量受到人类活动的影响，如全球变暖导致蒸发作用加速，从而形成更多水汽。

此外，还有一些其他温室气体，如一氧化碳（CO）、臭氧（O_3）以及某些含氯氟烃（HCFCs）等，但它们的贡献相对较小。

总的来说，全球温室气体的构成复杂多样，各种气体之间的相互作用和影响也十分复杂。为了减缓全球变暖的趋势，需要各国共同努力，减少温室气体的排放并加强国际间合作。

2020年全球平均地表温度已经比工业革命前升温超过了1.2 ℃，但是对居住在地球上不同地区的人们，感受到的并不是均匀上升了1.2 ℃，有些地区已经上升了2 ℃以上，有些可能还不到1.2 ℃。当全球升温1.5 ℃时，中纬度地区极端热日会升温约3 ℃；而全球升温2 ℃时，中纬度地区升温约为4 ℃；全球升温1.5 ℃时，高纬度地区极端冷夜会升温约4.5 ℃。

与全球升温1.5 ℃相比，预估全球升温2 ℃时，北半球一些高纬度地区、高海拔地区、亚洲东部和北美洲东部，强降水事件带来的风险更高，与热带气旋相关的强降水更多，受强降水引发洪灾影响的全球陆地面积比例更大。

全球温升1.5 ℃将对陆地和海洋生态系统、人类健康、食品和水安全、经济社会发展等造成诸多风险和影响，但与全球升温2 ℃相比，1.5 ℃温升对自然和人类系统的负面影响更小。例如，相比2 ℃温升，1.5 ℃温升时北极出现夏季无海冰状况的概率将由十年一遇降低为百年一遇。21世纪末全球海平面上升幅度降低0.1 m，使近1000万人口免受海平面上升的威胁；海洋酸化和珊瑚礁受威胁的程度也小于2 ℃温升的后果。对健康、生计、粮食安全、水供应和经济增长的气候相关风险预估会随着全球升温1.5 ℃加大，随着升温2 ℃，此类风险会进一步加大，见表2-1。

表 2-1　温升 1.5 ℃或 2 ℃对地球环境的风险

领　　域	温升 1.5 ℃的风险	温升 2 ℃的风险
高温热浪（全球人口中至少 5 年一遇）的占比/%	14	37
无冰的北极（夏季海上无冰频率）	每百年至少 1 次	每十年至少 1 次
海平面上升（2100 年海平面上升值）/m	0.40	0.46
脊椎动物消亡（至少失去一半数量物种）的占比/%	8	16
昆虫消亡（至少失去一半数量物种）的占比/%	6	18
生态系统（生物群落发生转变对应的地球陆地面积）的占比/%	7	13
多年冻土（北极多年冻土）融化面积/km^2	480×10^4	660×10^4
粮食产量（热带地区玉米产量）减少比例/%	3	7
珊瑚礁（减少）占比/%	70 ~ 90	99
渔业（海洋渔业）产量损失/万吨	150	300

注：资料来源于 IPCC 1.5 ℃特别报告，2018。

2.3.3　世界主要国家的碳排放

2.3.3.1　全球碳排放概况

近年来，全球碳排放量持续增加，尽管增长率有所放缓。国际能源署（IEA）等机构发布的报告显示，全球能源相关的二氧化碳排放仍在攀升。然而，随着各国对气候变化的重视和可再生能源的发展，未来碳排放趋势可能会发生变化。

2.3.3.2　主要国家碳排放情况

A　中国

近年来，中国的碳排放量一直位居全球前列，尽管政府已采取了一系列减排措施，但排放量仍然巨大，这与中国作为世界工厂的地位、庞大的工业体系和人口数量密切相关。

2020 年全年中国共排放了约 103.76 亿吨二氧化碳，这一数字显示了中国在温室气体排放方面的巨大规模。作为全球最大的碳排放国之一，中国的碳排放量占全球总排放量的四分之一以上。

不过，中国的碳排放强度（即单位 GDP 的碳排放量）正在逐步下降，表明政府在节能减排方面取得了一定的成效。

B　美国

尽管美国二氧化碳排放量在近年来有所下降，但仍然对全球气候变化产生重要影响。美国的碳排放主要来源于工业、交通运输和电力等领域。

美国政府已提出了一系列减排目标和计划，包括推动清洁能源发展、提高能效等。

C 印度

随着印度经济的快速发展和人口数量的增加，印度的碳排放量也在逐年攀升。印度的碳排放主要来源于工业、交通运输和农业等领域。

印度政府已意识到气候变化的重要性，并正在采取措施推动绿色发展和可再生能源的发展。

D 欧盟

欧盟作为一个整体，其碳排放量在全球范围内也占有重要地位。欧盟成员国已采取了一系列减排措施，包括推动清洁能源发展、提高能效、实施碳交易等，这使得欧盟的碳排放量在一定程度上得到了控制。

E 俄罗斯

俄罗斯是碳排放量较大的国家之一，其碳排放主要来源于能源生产和工业等领域。随着全球气候变化的日益严峻，俄罗斯政府也在逐步采取措施推动减排和可持续发展。

F 其他国家

日本、加拿大、韩国等国家也是全球重要的碳排放国，这些国家都在努力推动清洁能源发展、提高能效和减少温室气体排放。

2.3.3.3 减排措施与挑战

为了应对气候变化，各国都在采取措施推动减排，这些措施包括推动清洁能源发展、提高能效、实施碳交易等。然而，减排过程中也面临着诸多挑战，如技术瓶颈、资金短缺、政策执行难度等。

综上所述，世界主要国家的碳排放情况呈现出多样化的特点。各国都在努力推动减排和可持续发展，但面临着不同的挑战和困难。未来，需要各国加强合作，共同应对气候变化的挑战。

2.4 人类应对气候变化的措施

为了应对工业化革命以来气候发生的显著变化，各国政府和国际组织已经采取了一系列措施，这些措施包括减少温室气体排放、增强生态系统韧性、加强气候监测与预警系统建设、提高基础设施的防灾减灾能力、加强国际合作与交流等。通过这些措施的实施，可以减缓气候变化的进程，降低其对生态环境和人类社会的负面影响。

工业化革命以来气候发生了显著的变化，这些变化对生态环境和人类社会产生了深远的影响。为了应对这些挑战，我们需要采取积极的措施来减缓气候变化的进程，并加强国际合作与交流，共同推动全球气候治理进程。

中国作为负责任、有担当的大国，始终在降低 CO_2 排放方面付出大量的努力。2009 年，时任国家主席胡锦涛在联合国气候变化峰会上提出，中国力争在 2020 年时单位国内生产总值 CO_2 排放（简称“碳强度”）较 2005 年时显著下降。2014—2015 年，国家主席习近平与时任美国总统奥巴马共同发表了中美气候变化联合声明。中方在声明中指出，2030 年中国碳排放强度较 2005 年下降 60%～65%，森林储蓄量较 2005 年增加约 45 亿立方米，并提出了一系列推进生态文明建设的措施，诸如绿色电力调度、启动全国碳排放交易体系、低碳建筑与低碳交通建设等。中国在世界范围内的政治承诺始终付诸国家治理的实践之中。

2010 年，国家发展和改革委员会将我国的五省八市划分为低碳试点省市，各试点省市将应对气候变化纳入其“十二五”治理规划之中。2012 年，党的十八大报告中首次将“美丽中国”建设作为执政理念提出；2017 年，习近平总书记在党的十九大报告中指出要加快生态文明体制改革，建设美丽中国；2020 年 9 月，在第七十五届联合国大会一般性辩论上，国家主席习近平发表重要讲话，提出中国将提高国家自主贡献力度，采取更加有力的政策和措施，二氧化碳排放力争于 2030 年前达到峰值，努力争取 2060 年前实现碳中和。自党的十八大以来，以习近平同志为核心的党中央在生态文明建设方面做出了前所未有的努力，极大程度改善了生态环境质量，碳强度显著降低。中华人民共和国生态环境部公布数据显示，截至 2019 年底，我国碳强度较 2005 年降低约 48. 1%，非化石能源占一次能源消费比重达 15. 3%，提前完成我国对外承诺的到 2020 年的目标。

2022 年，党的二十大报告中提出“积极稳妥推进碳达峰碳中和”，“双碳”目标已经纳入中国国家重大战略和生态文明建设的整体布局。目前，中国在降低碳强度方面取得了一定成果，但在“双碳”目标的实践方面仍然面临巨大的挑战，主要体现在三个方面：

（1）中国目前的经济结构转型压力较大，粗放型产业占多数，对能源的需求十分旺盛；而我国蕴含的能源以煤炭为主、石油与天然气含量较少，经济发展对于煤炭的依赖短时间内难以扭转。

（2）中国的经济体量与人口规模均位居世界前列，经济体量与人口规模既带来了众多优势，但对能源的巨大需求也是必须面对的挑战。

（3）中国低碳技术发展仍然处于起步阶段，低碳技术对于提升能源效率与直接碳消除具有重要意义，但低碳技术创新面临投入大、回报慢、风险强等困难，需要行之有效的激励措施鼓励低碳技术创新发展。中国实现“双碳”目标不仅满足了人民群众日益增长的对优美生态环境的需求、促进人与自然的和谐共生，还体现出中国主动担当大国责任、推进人类命运共同体建设的决心。因此，中国如何确实有效地推进“双碳”目标顺利实现将是“十四五”规划期间以及未来实现中国式现代化建设的重要内容，具有重要意义。

2.5 全球减排措施

2.5.1 各行业有哪些主要的减排措施

应对气候变化的减排措施指的是通过经济、技术、生物等各种政策和手段，控制温室气体的排放、增加温室气体汇，其中减少温室气体排放是核心措施，能源供应部门的重大转型是保证温室气体排放减少的根本保证。

能源供应部门：发电装置实现脱碳，来自可再生能源、核能，以及使用碳捕集与封存技术（CCS）的化石能源等零碳或低碳能源供给占一次能源供给的比重需大幅度提升，尽可能淘汰不使用碳捕集与封存技术的煤电。

能源应用领域：依靠节能技术、交通工具改进、行为变化、基础设施改进和城市发展，减少能源领域的需求；应用新技术、知识、制定发布能效政策、建筑法规和标准，促进建筑部门减少能源的使用；工业部门通过技术升级改造、换代等措施，在现有基础上提高能效、降低单位能源排放、回收利用材料、减少产品需求。

农业和林业领域：造林、减少砍伐和可持续的森林管理是有效的减排手段之一，农业领域最有效的手段是农田、牧场管理和恢复有机土壤。城市化带来收入增长的同时也带来高能耗和高排放，要在提高能效和土地规划、跨部门协同措施实现减排。

部门协同：能源供应与能源终端用户部门之间在减排步调上具有很强的相互依赖性，及早实施系统的、跨部门的减排战略，可以减少成本、提高成效。

负排放技术：大气中清除二氧化碳，并将其持久地储存在地质、陆地或海洋的储层中或其他产品中。

此外，碳排放交易作为一种重要的市场手段，通过规定碳的实价或隐含价的政策能刺激生产商和消费者大量投资温室气体低排放量的产品、技术和流程，有助于减少碳排放。

2.5.2 负排放技术

实现碳中和目标，需要应用负排放技术（NETs）从大气中移除二氧化碳并将其储存起来，以抵消那些难减排的碳排放。负排放技术，又称为碳移除技术

(carbon dioxide removal, CDR)，是指从大气中清除二氧化碳，并将其持久地储存在地质、陆地或海洋的储层中或其他产品中的人类活动。

碳移除（CDR）可分为两类：一是基于自然的方法，利用生物过程增加碳移除，并在森林、土壤或湿地中储存起来；二是技术手段，直接从空气中移除碳或控制天然的碳移除过程以加速碳储存。表 2-2 列出了一些负排放技术的例子，其中不同技术的机理、特点、成熟度差别较大。

表 2-2　负排放技术举例

技　　术	描　　述	碳移除机理	碳封存方式
造林/再造林	通过植树造林将大气中的碳固定在生物和土壤中	生物	土壤/植物
生物炭（biochar）	将生物质转化为生物炭并使用生物炭作为土壤改良剂	生物	土壤
生物质能源耦合碳捕集与封存（BECCS）	植物吸收空气中的二氧化碳并作为生物质能源利用，产生的二氧化碳被捕集并封存	生物	深层地质构造
直接从空气中捕集并封存（DACCS）	通过工程手段从大气中直接捕集二氧化碳并封存	物理/化学	深层地质构造
强化风化/矿物碳化（enhanced weathering/mineral carbon-ation）	增强矿物的风化使大气中的二氧化碳与硅酸盐矿物反应形成碳酸盐岩	地球化学	岩石
改良农业种植方式	采用免耕农业等方式来增加土壤碳储量	生物	土壤
海洋施肥（ocean fertilization）	向海洋投放铁盐增加海洋生物碳汇	生物	海洋
海洋碱性（ocean alkalinity）	通过化学反应提高海洋碱性以增加海洋碳汇	化学	海洋

短期内，基于自然的碳移除可以发挥重要作用，且有改善土壤、水质和保护生物多样性等协同效益。长期来看，基于自然的碳移除难以永久地移除大气中的二氧化碳，一场森林大火，原本储存的碳最终可能会再释放到大气中。通过技术手段的负排放技术（如 BECCS、DACCS），大规模应用也面临很多挑战。例如，BECCS 需要大规模生产生物能源，对土地和水资源带来压力。此外，BECCS 涉及生物能源的生产、收集、储存、运输、利用，以及碳捕集、输送、封存等诸多环节，从全生命周期看实现负排放的效果还需要做详细的评估。

2.5.3　全球实现 2 ℃或 1.5 ℃温升目标的排放路径

由于二氧化碳在大气中的存在寿命最长可以达到 200 年，所以即使人类停止向大气中排放二氧化碳，但累积在大气中的二氧化碳还会造成全球气温的持续上升。存留在大气中二氧化碳的升温效应，被称为二氧化碳的累积效应。因此，在考虑将温升控制在 2 ℃或 1.5 ℃目标的排放路径时，不仅需要考虑全球剩余的排放空间，还需要考虑二氧化碳的累积效应。IPCC 对实现 2 ℃或 1.5 ℃温升目标排放路径做了综合评估，并对不同的模式结果进行了对比和计算，给出了不同温升目标下全球温室气体排放的路径。IPCC 第五次评估报告指出全球若要实现 2 ℃温升目标，需要在 2050 年时的全球温室气体排放量比 2010 年减少 40%~70%，在 21 世纪末温室气体的排放量要接近或者低于零。2018 年，IPCC 发布的《全球 1.5 ℃增暖》报告指出要实现温升 1.5 ℃目标，需要 2030 年全球温室气体排放量比 2010 年减少 40%~60%，在 2050 年左右温室气体的排放量接近于零。

2.5.4 实现全球碳中和目标应用负排放技术规模

达到全球某一温度，取决于 CO_2 净零排放时的累积全球人为 CO_2 净排放量以及达到这一温度之前几十年中的非 CO_2 辐射强迫水平。以全球温升控制在 1.5 ℃为例，实现这一温控目标存在多种可能的排放路径。在有无过冲 1.5 ℃的排放路径中，需要到 2030 年全球净人为 CO_2 排放量比 2010 年减少约 45%；在 2050 年左右达到净零排放。实现这一目标，需要各种减排措施组合，包括降低能源和资源强度、脱碳率以及依靠二氧化碳移除等负排放技术等。通过比较采取下述四个路径，可以说明采取不同力度措施的特征。不同路径下应用负排放技术的规模和程度是不同的，见表 2-3。

路径 1（P1）：是社会、商业和技术创新导致 2050 年能源需求下降的情景。该路径下全球生活水平不断提高，特别是发展中国家。一个小型能源系统可以实现能源供应的快速脱碳。该路径下造林是唯一考虑的负排放方案，化石燃料与碳捕集、利用与封存（CCS）和生物能源结合碳捕集与封存（BECCS）都不使用。

路径 2（P2）：是广泛关注可持续发展，包括能源强度、人类发展、经济一体化和国际合作，以及向可持续和健康消费模式、低碳技术创新以及管理良好的土地系统转变的情景，社会接受 BECCS 程度不高。

路径 3（P3）：是中间路线情景，其中社会和技术发展遵循历史模式。减排主要是通过改变能源和产品的生产方式来实现，其次是减少需求强度。

路径 4（P4）：是资源和能源密集型情景，经济增长和全球化导致广泛采用温室其他密集型生活方式，如对运输燃料和畜牧产品的过度需求，减排是通过大力部署 BECCS 等负排放技术手段实现。

表 2-3 四种路径下全球近零二氧化碳排放的贡献分解

全球指标	P1	P2	P3	P4
路径分类	有无过冲 1.5 ℃	有无过冲 1.5 ℃	有无过冲 1.5 ℃	超过 1.5 ℃
2050 年 CO_2 排放变化/%①	-93	-95	-91	-97

续表 2-3

全　球　指　标	P1	P2	P3	P4
2050 年《京都议定书》②规定温室气体排放变化率/%①	-82	-89	-78	-80
2050 年终端能源需求③变化/%①	-32	2	21	44
2050 年电力系统中可再生能源份额/%	77	81	63	70
2050 年一次能源中的煤炭占比/%①	-97	-77	-73	-97
2050 年一次能源中的石油占比/%①	-87	-50	-81	-32
2050 年一次能源中的天然气占比/%①	-74	-53	21	-48
2050 年一次能源中的核能占比/%①	150	98	501	468
2050 年一次能源中的生物质能占比/%①	-16	49	121	418
2050 年一次能源中的非生物质能占比/%①	833	1327	878	1137
2100 年累积 CCS/$GtCO_2$	0	348	687	1218
2100 年累积 BECCS/$GtCO_2$	0	151	414	1191
2050 年生物能源作物种植面积/km^2	0.2×10^6	0.9×10^6	2.8×10^6	7.2×10^6
2050 年农业 CH_4 排放占比/%①	-33	-69	-23	2
2050 年农业 N_2O 排放占比/%①	6	-26	0	39

注：资料来源于 IPCC 1.5 ℃特别报告，2018。

① 相对于 2010 年。

②《京都议定书》气体排放基于 IPCC 第二次评估报告的 GWP-100。

③ 能源需求的变化与能源效率的改善和行为的改变有关。

3 节 能 降 耗

3.1 我国产业结构特征与碳排放

3.1.1 我国产业结构特征

根据最新的全球碳排放数据，2023 年我国二氧化碳排放量约为 112.8 亿吨，是全球碳排放量最大的国家之一。这一数据反映了我国在经济快速发展的同时，也面临着较大的环境压力。

我国单位 GDP 二氧化碳排放强度逐年降低，这反映了我国在节能减排方面取得的积极进展。根据生态环境部发布的数据，2024 年我国单位 GDP 二氧化碳排放将下降 3.9% 左右。同时，根据之前的统计数据，2021 年我国单位国内生产总值（GDP）二氧化碳排放比 2020 年降低 3.8%，比 2005 年累计下降 50.8%。

我国的产业结构特征与碳排放之间存在密切的关系，以下是对两者关系的详细分析。

3.1.1.1 产业结构特征

第二产业占比高：在我国产业结构中，第二产业（尤其是工业）占据较大比重。2023 年我国第二产业增加值占国内生产总值的比重为 40.3%，这一比重显示了第二产业在我国经济中的核心地位。其中包括了许多高能耗、高排放的行业，如黑色金属冶炼及压延加工业、化学原料及化学制品制造业、非金属矿物制品业等，这些行业的碳排放量在总体碳排放量中占据重要地位。

第三产业快速发展：近年来，我国第三产业（服务业）发展迅速，特别是金融保险业、房地产业以及证券、技术、信息产业等已具备相当规模。2023 年我国第三产业（服务业）增加值占国内生产总值的比重为 54.6%，第三产业的碳排放强度相对较低，其比重的增加有助于降低整体碳排放增速。

产业结构优化升级：我国政府正在积极推动产业结构优化升级，加强创新驱动发展，推动传统产业转型升级，并大力发展新兴产业。这一趋势有助于降低碳排放强度，提高能源利用效率。

3.1.1.2 碳排放情况

碳排放强度逐年下降：尽管我国的碳排放总量仍在增长，但碳排放强度（单位 GDP 的碳排放量）已经逐年下降，这得益于产业结构优化升级、能源结构调整以及节能减排措施的实施。

碳排放权交易市场发展：我国已经建立了碳排放权交易市场，通过市场机制推动碳减排。这一市场的建立有助于降低碳排放成本，提高碳减排效率。

能源结构改善：我国正在积极推动能源结构调整，大力发展清洁能源和可再生能源，降低煤炭等传统能源的占比。这一举措有助于减少碳排放，推动绿色低碳发展。

3.1.1.3　产业结构特征与碳排放的关系

第二产业对碳排放的影响：由于第二产业中包含了大量高能耗、高排放的行业，因此其占比的高低直接影响到碳排放总量。随着产业结构的优化升级，这些行业的碳排放强度有望逐渐降低。

第三产业对碳排放的缓解作用：第三产业的发展有助于降低整体碳排放增速。随着第三产业比重的增加，其低碳排放的特性将逐渐显现，对碳排放的缓解作用也将更加明显。

产业结构优化升级对碳排放的推动作用：产业结构的优化升级是推动绿色低碳发展的重要途径。通过加强创新驱动发展、推动传统产业转型升级以及大力发展新兴产业等措施，可以降低碳排放强度，提高能源利用效率。

综上所述，我国的产业结构特征与碳排放之间存在密切的关系。为了降低碳排放、推动绿色低碳发展，需要继续推动产业结构优化升级、加强能源结构调整以及节能减排措施的实施。

3.1.2　我国碳排放特点和影响因素

3.1.2.1　碳排放特点

总量大且增长迅速：作为全球最大的发展中国家，我国的碳排放总量较大。随着经济的快速发展和生产活动的快速扩张，碳排放量也呈上升趋势。

行业差异显著：不同行业之间的碳排放量存在显著差异。例如，工业领域的碳排放量占据较大比重，特别是制造业和电力热力行业，而农业、服务业等行业的碳排放量相对较低。

区域分布不均：碳排放量在地理区域上的分布也存在不均衡现象。一些经济发达、工业化程度较高的地区碳排放量较高，而经济相对落后、工业化程度较低的地区碳排放量较低。

能源结构影响大：我国的能源结构以煤炭为主，煤炭的碳排放系数较高，因此能源结构对碳排放量的影响显著。随着清洁能源的逐步推广和应用，能源结构对碳排放量的影响将逐渐减弱。

3.1.2.2　影响因素

经济发展阶段：经济发展阶段是影响碳排放的重要因素。随着经济的快速增长和城市化进程的加速推进，能源消耗量急剧上升，尤其是化石燃料的大量使用，导致碳排放量显著增加。

产业结构：产业结构对碳排放产生重要影响。重工业和高耗能行业在能源消费和碳排放中占据重要地位，因此产业结构的优化升级是降低碳排放的重要途径之一。

能源资源禀赋：一国的能源资源禀赋会显著影响碳排放量。我国煤炭资源丰富，而清洁能源资源相对匮乏，这在一定程度上限制了清洁能源的推广和应用，从而增加了碳排放量。

技术进步：技术进步是降低碳排放的关键手段之一。随着科技的不断发展，清洁能源技术、节能减排技术等不断涌现，为降低碳排放提供了有力的支持。例如，太阳能、风能等可再生能源技术的不断成熟和应用，使得清洁能源的成本逐渐降低，竞争力日益增强。

消费模式和生活方式：消费模式和生活方式也会对碳排放产生显著影响。随着人们生活水平的提高，对高能耗产品的需求不断增加，导致能源消耗和碳排放的增加。因此，提高公众的环保意识、倡导低碳生活方式是减少碳排放的重要途径之一。

政策导向：政府的政策导向对碳排放具有显著影响。通过制定严格的环保法规和标准，限制化石燃料的使用，鼓励清洁能源的发展，可以有效地降低碳排放。此外，财政政策和税收政策也是影响碳排放的重要因素。

综上所述，我国的碳排放具有总量大、行业差异显著、区域分布不均以及能源结构影响大等特点。同时，经济发展阶段、产业结构、能源资源禀赋、技术进步、消费模式和生活方式以及政策导向等因素都对碳排放产生重要影响。为了降低碳排放、推动绿色低碳发展，需要综合考虑这些因素，制定有效的政策措施和行动计划。

3.2　钢铁工业绿色转型路径

3.2.1　钢铁工业绿色转型的意义

近几十年来，碳减排一直是世界各国政府竞相实现气候目标的首要任务。随着全球对碳排放的关注不断增加，钢铁行业面临着减少碳排放的压力。从全球范围来看，钢铁行业约占全球碳排放量的7%，且钢铁和有色金属是开发电动汽车、风能、太阳能和氢技术不可或缺的材料，因此钢铁行业的绿色转型不仅是一项重要的环境责任，其转型成效在很大程度上决定着“碳中和”目标的实现进程。

欧洲国家较早对钢铁行业的绿色低碳转型作出了一定指示和要求，自“碳达峰”与“碳中和”的目标提出后，我国钢铁行业也持续加快推进绿色智能化改造。2023 年 11 月 17 日，《钢铁行业社会责任蓝皮书（2023）》发布会举办，该书指出，我国已有 99 家钢铁企业完成超低排放改造和评估监测，钢铁行业吨钢可比能耗和污染物排放量持续下降，绿色转型的内生动力不断增强。但是，中国钢铁行业减污降碳、绿色高质量转型任务依然艰巨。

产业绿色转型的核心在于技术、生产、产品及服务的绿色化，不同行业因其特点不同，转型路径也大相径庭。现有研究的关注焦点多集中于电力、煤炭、油气等能源型行业，对于钢铁行业的绿色转型却鲜有学者深入探讨。然而，钢铁行业作为主要的碳排放行业之一，其绿色转型具有现实意义。因此，探讨钢铁企业的绿色转型路径，对于钢铁行业的高质量发展和绿色转型具有重要的实践意义。

3.2.2　钢铁企业绿色转型面临的问题

3.2.2.1　节能减排关键核心技术相对薄弱

我国钢铁行业在节能减排方面的核心技术创新、装备升级和流程优化等方面仍处于追赶和奋斗的阶段。要实现钢铁工业的“碳中和”目标，就需要进行系统的基础理论研究和重大技术创新。然而，目前我国钢铁企业的技术创新多采用“引进-吸收消化-再创新”的方式，其自主创新能力还未完全形成，创新依赖导致其技术引领能力与创新观念亟待提升，而且在应用研究方面存在资源分散、彼此脱离的问题。此外，钢铁行业绿色低碳转型需要金融机构的大力支持，低碳关键前沿技术大规模开发需要投入巨额的研发费用、基建投资等，这使得实现“碳中和”炼铁的成本增加。这些问题共同导致了节能减排技术的研发滞后，以及缺乏经济可行的技术方案以实现超低排放。

3.2.2.2　产业链协同创新机制尚未建立

我国钢铁行业面临着上下游产业链复杂、涉及领域广泛以及产业集中度偏低等现实问题。具体来看，首先，一些企业仍未掌握核心装备的设计与制造技术，依赖于成套进口，这导致钢铁材料的生产者和使用者之间无法建立起反馈改进的机制。这种依赖进口的情况限制了国内技术创新的空间，使得行业内部的关键技术无法得到有效掌握和应用。其次，行业内的产、学、研、用协同成果的利益分配机制亟待优化。目前，围绕钢铁材料的基础理论、科研、生产和应用之间并未能够建立良好的闭环，这导致了技术创新成果的共享和转化受到限制，阻碍了创新成果的产业化和实际应用。此外，钢铁行业对上游供应商的技术创新支持不足，对下游用户缺乏有效的合作机制，这导致了产业链协同创新的壁垒尚未打破，钢铁行业产业链协同创新的潜力尚未完全释放出来。

3.2.2.3 缺乏科学规范的环境保护长效机制

（1）在我国钢铁行业中，由于工艺、设备和管理水平的不同，不同钢企之间的能耗和排放水平存在较大差异。部分钢企在能源使用与排放管理上缺乏科学性、规范性，在环境保护设施建设方面投入也存在不足，无法保证长期有效运行和高效治理。虽然这些企业仅占少数并非主流，但其对环境的破坏以及对整个钢铁行业的影响却是不可忽视的。

（2）钢铁行业对于环境保护的监管和执法力度尚不够强劲，一些企业存在规避环保监管的现象。钢铁行业的环境保护工作主要依赖于政策法规和临时性的治理措施，一些企业在面临环境监管压力时采取了临时性的治理措施，但往往缺乏长期持续性的环保规划和改进机制。在这种情况下，企业的环境保护意识和投入程度难以得到有效提升，环境质量难以全面改善。

3.2.2.4 行业产能过剩问题突出

经济合作与发展组织（OECD）分析称，全球钢铁行业存在严重的产能过剩问题，2022 年全球钢铁产能超过需求的 26%（6.32 亿吨）。而我国钢铁产量占全球钢铁产量的半壁江山，所面临的产能过剩形势更为严峻。钢铁行业产能过剩的主要原因包括：一是过度扩张，在过去数十年里，许多钢铁企业为扩大市场份额和提高盈利，不断提高产能产量，导致市场供需失衡，价格下跌；二是国际竞争加剧，全球范围内的钢铁行业竞争激烈，一些国家和地区的补贴政策和倾销行为也加剧了产能过剩的问题；三是技术进步带来高效的生产力，随着科技的发展，钢铁生产企业引进了更多的先进装备与技术，能够实现更高效的生产，提高了产能利用率，加剧了钢铁行业产能过剩的问题；四是市场需求下滑，全球经济增长放缓，导致钢铁产品需求下降，市场出现供过于求。

3.2.3 钢铁行业绿色低碳转型的策略建议

3.2.3.1 维持市场供需动态平衡

（1）钢铁行业协会组织应密切关注钢铁供给端的变化，如原材料情况、生产能力、产量等方面的变化，并及时跟踪下游行业的运行情况，以便根据市场的需求情况，在保障供应的前提下，有效控制产能释放，缓解区域供需矛盾，避免产能过剩和市场波动。

（2）要建立健全的市场准入机制，对新建钢铁企业进行严格审批和监管，确保其符合行业标准和规范，避免过度扩张和产能过剩。同时，也要建立健全的产能调整机制，根据市场需求变化和环保要求，引导企业进行产能调整，以避免产能过剩，维持市场供需平衡，保障行业可持续发展。

（3）加强钢铁行业自律，建立健全的行业协会组织，汇聚行业内的企业、专家和相关利益者，共同制定、修订和推广行业标准和规范，引导企业遵守行业规则，维护市场秩序，防止发生恶性竞争和产能过剩的情况。

3.2.3.2 强化技术支撑，提高绿色低碳技术水平

（1）增加对绿色低碳技术的研发投入，开发新型高效节能的生产工艺和设备，鼓励企业和政府加大资金支持，推动技术创新，提高技术水平。

（2）强化人才培养与引进，绿色低碳技术领域的专业人才可以为企业绿色技术创新提供专业指导，协助企业优化和改进生产过程。为此，应强化企业与企业之间的合作，培养核心技术人员，并增加对高端技术人才或专业核心团队的激励与培养，为钢铁行业的绿色转型提供全面保证。

（3）加强合作，首先，加强与高等学府、科研机构的合作，开展对未来钢铁工业可持续发展路径的探索与研究，创造出一批具有突破性和颠覆性的绿色低碳技术；同时，加强人才培养，提高绿色低碳技术领域专业人才的培养水平，增强技术创新能力。其次，加强钢铁企业之间及国际间的合作，引进和吸收国际先进的绿色低碳技术，积极整合技术创新资源，不断深化战略合作，搭建技术联盟与创新平台，加快技术的引进和转化，提高我国绿色低碳技术的水平。

3.2.3.3 构建钢铁产品全生命周期管控体系

借助数字技术构建钢铁产品全生命周期管控体系，实现对钢铁产品从生产到废弃的全过程管控和监测，具体可以从以下方面构建：

（1）建立数据收集系统，包括原材料采购、生产过程、产品运输、使用阶段和废弃物处理等各个环节的数据监测和收集。

（2）建立钢铁产品的碳排放核算体系，包括生产过程中的能源消耗和排放、原材料采购和运输、产品使用阶段的能耗等，实现全生命周期的碳排放核算。

（3）对钢铁产品的全生命周期进行环境影响评估，包括对能源消耗、温室气体排放、水资源利用、土地占用等环境影响因素的评估。

（4）制定钢铁产品全生命周期管控的相关标准和指南，包括碳排放标准、环境影响评估标准、数据采集和监测标准等。

（5）引入先进的信息技术和数据管理系统，支持全生命周期管控体系的建设，包括数据采集、分析、监测和报告等功能。

(6) 建立相关的管理制度和流程，明确各个环节的责任和义务，确保全生命周期管控体系的有效实施。

3.2.3.4　注重协同发展，引领产业链

全面绿色转型构建和完善钢铁材料在重点领域的上下游协作机制，协同推进材料研发与市场应用的有机结合。

(1) 钢铁企业应与原材料供应商和下游产品制造商展开合作，共同建立绿色供应链，提高上下游企业的环保意识和技术水平，制定环保标准，推动绿色原材料采购和产品生产。

(2) 钢铁企业可以与上下游企业共享绿色技术创新成果，共同开发绿色生产工艺和材料，提高全产业链的资源利用效率，降低环境影响。

(3) 建立产业链的数据共享和监控系统，实现全产业链碳排放、能耗等环境数据的共享和监控。同时，开展产业链上下游企业的信息交流和培训活动，分享绿色技术、管理经验和环保政策，推动整个产业链的绿色发展。

3.2.3.5　提升政府引领作用，健全相关政策

(1) 加大对钢铁行业绿色转型的财政支持力度，钢铁行业要想达到“碳中和”目标，必须要有大量的科技资源和资本投入，全行业和全社会都要给予大力的支持。在技术研发投入方面，政府应该给予一定的政策补助。同时，也要引导社会资金持续不断地注入，如建立绿色金融体系，鼓励银行和其他金融机构增加对绿色钢铁项目的贷款和投资，推动绿色技术的研发和应用。

(2) 政府应制定钢铁行业绿色发展政策，明确绿色发展的目标和方向，建立环保激励机制，鼓励企业加大绿色技术研发和应用力度。同时，应加强对钢铁行业的标准制定和监管，制定绿色标准和指南，加强环境和能源监管，促进钢铁行业的绿色转型。

3.2.4　钢铁行业绿色低碳转型展望

实现“碳达峰”“碳中和”是一场影响深远的经济社会系统性变革，是生产、技术、经济和能源体系的一次历史性变革。钢铁行业作为我国仅次于电力行业的第二大污染物排放产业，其绿色低碳转型对于实现国家的“双碳”战略具有重要意义。

虽然钢铁工业发展已经进入“中国时代”，但我国钢铁行业绿色低碳发展道路仍任重道远。为促进中国钢铁工业低碳发展，实现“碳达峰”“碳中和”目标，未来要不断深化技术创新体系变革，推动产业结构优化升级，实现全产业链的绿色发展。

3.3　我国农业碳排放基本现状及影响因素

在自然和人为活动的影响下，农业、林业和其他土地利用（AFOLU）既是重要的二氧化碳（CO_2）吸收汇，如造林、土壤固碳管理等，也是二氧化碳（CO_2）、甲烷（CH_4）和氧化亚氮（N_2O）的重要排放源，如毁林、泥炭地排干等。农业活动是主要的非 CO_2 排放源，如畜禽养殖和水稻种植产生的 CH_4 排放、粪便管理、农田土壤以及生物质燃烧排放的 N_2O。2007—2016 年全球 AFOLU 温室气体排放占人为温室气体排放总量的 22%。改善农田水肥管理、改善动物管理和放牧管理、减少草地开垦、增加农林复合系统等技术措施具有较高的 CH_4 和 N_2O 减排潜力和固碳潜力；造林和森林经营管理、防止毁林和森林退化是增加森林生态系统碳储量的重要举措。农林业作为较低成本的减排领域，不仅具有较大减排潜力，还具有降低空气、水体和土壤等环境污染的协同效应。

生物固碳是利用植物的光合作用，通过控制碳通量以提高生态系统的碳吸收和碳储存能力，因此是固定大气中二氧化碳最经济且副作用最少的方法。生物固碳技术主要包括三方面：一是保护现有碳库，通过生态系统管理技术，加强农业和林业的管理，从而保持生态系统的长期固碳能力；二是扩大碳库增加固碳，主要是改变土地利用方式，并通过选种、育种和种植技术，增加植物的生产力，增加固碳能力；三是可持续性，如用生物质能替代化石能源等。

农业碳排放是温室气体的重要来源，尤其以二氧化碳、氧化亚氮和甲烷为主的温室气体排放会导致全球气候变暖进而引起诸如极端天气、生态系统破坏等一系列严重后果。对于碳达峰、碳中和问题，党的二十大报告向我国以及全世界明确传递了持续推进“双碳”工作的坚定决心，时刻以积极主动的姿态参与气候治理，承担“双碳”责任。实现碳达峰、碳中和是以习近平同志为核心的党中央统筹国内国际两个大局作出的重大战略决策，是着力解决资源环境约束突出问题、实现中华民族永续发展的必然选择。完成“双碳”目标的关键在于减少碳源和增加碳汇，而如何做好减排工作是重要基础。碳排放的重要源头虽然是第二、三产业，但涉及第一产业由农业生产部门所产生的碳排放量也不容轻视。目前，关于涉农领域碳排放有以下特点：

（1）农业碳排放测算困难。农业碳排放源比起工业碳排放源更加多元化，具体涉及农业生产要素投入、农业能源消耗、水稻种植、畜牧业养殖等单一或者部分视角。

（2）农业碳排放时空特征明显。第一，我国农业碳排放总量呈现波动式下降趋势，碳排放强度呈现持续下降趋势。2022 年我国农业碳排放总量为 26091.94 万吨，比 2013 年减少了 4.53%，年均递减 0.52%；农业碳排放强度为

0.22，比2013年减少35.29%，年均递减4.72%。对于各类碳源对农业碳排放的贡献值，相比2013年农用物资投入和畜禽养殖有所减少，而农业能源利用和水稻种植变化幅度不大。第二，不同省区市农业碳排放的总量和强度差异较为明显。以2022年为例，湖南省农业碳排放总量高达1942.86万吨，总量排名位居全国第一；北京市以22.63万吨位居末位，且总量变化率实现了57.66%的降幅。总体而言，相比2013年，有21个省区市农业碳排放量处于下降趋势，且以北京降幅最大。各省区市农业碳排放强度均呈现不同程度的下降，其中以贵州降幅最大、上海降幅最小。第三，农业生产效率显著抑制了我国农业碳排放量的增加，预计未来仍会成为稳定发挥碳减排作用的关键因素；农村经济发展是导致我国农业碳排放量增加的主要因素，且是四大分解变量中唯一正向驱动碳排放量的因素。农业生产结构和劳动力因素对农业碳排放的作用整体呈现负向效应，且对农业碳排放影响较小。

基于以上结论，以下建议是必要的：

一是提倡有机农业，推广农业科技。鼓励农民采用有机农业种植方式，加大对农业科技研发的支持力度，推广高效节能的农业生产技术，提高农业生产效率，鼓励在农村地区发展太阳能、风能等清洁能源，替代传统的化石能源，降低碳排放。

二是加快农业农村环境治理，发展农业循环经济。鼓励农民开展农田间作、畜禽粪污资源化利用等循环农业模式，减少农业废弃物排放，加强对农村生活垃圾分类处理的宣传和指导，提倡垃圾减量化、资源化利用，减少秸秆焚烧产生的二氧化碳排放。

三是提倡合作减排，引导省际减排互动。建立省际减排合作机制，促进各省之间的信息共享、经验交流和资源合作，在国家层面设定减排目标的基础上，各省可根据自身实际情况制定具体的减排目标，并进行跨省协作，共同实现减排目标。建立跨省环境监测网络，加强对减排效果的监测和评估，及时发现问题并采取有效措施。

3.3.1　种植业、畜牧业、林业和湿地的减排增汇措施

（1）种植业常用的减排增汇措施包括：氮肥减量深施、稻田水肥管理、稻田施用腐熟有机肥、旱地施用高效肥料、有机肥替代化肥、高产低排放品种选育、优化耕作时间、生物炭、保护性耕作、秸秆还田等。

（2）畜牧业减排增汇措施包括：低蛋白日粮、家畜育种改进、饲料添加剂、提高饲料精粗比、改善粗饲料的质量、户用沼气、沼气工程、禁牧、中牧、轻牧等。

（3）林业减排增汇措施包括：人工造林、林地管理、减少森林采伐、森林

灾害管理、林产品管理等。

(4) 湿地减排增汇措施包括：湿地植被恢复与重建、湿地水文恢复、湿地基质改良等。

土地利用变化如何影响全球气候变化？土地利用变化是全球气候变化的重要影响因子。人类社会工业化、城市化进程改变了对土地的使用方式，同时也改变了土地覆盖物的类型，这样的变化直接造成了陆地表面物理特性的变化，改变了陆表和大气之间的能量以及物质交换，影响了地表的能量平衡，进而对区域气候变化产生重要影响。陆地表面上植被类型、密度和有关土壤特性的变化通常也会造成陆地区域中碳的存储以及通量的改变，从而使大气中温室气体的含量发生变化。

3.3.2 有机农业减排措施

目前，农业活动是仅次于电热后的第二大碳源，其产生的温室气体对环境有一定的影响。根据预测，到 2050 年农业产业或将成为最大的碳排放源。因此，从农业方面为主要着力点助力“双碳”目标实现将更有现实意义。推动农业低碳发展已成为农业经济研究中的一个重要学术前沿，有机农业作为不使用化肥及农药、保护生态环境可持续发展的一种农业生产方式，对促进农业固碳增效、贡献碳达峰助力碳中和有着重要的作用。

全球变暖（温室效应）已经成为世界共识的环境问题，引起温室效应的气体主要是 CO_2、N_2O 和 CH_4 等。人类活动是这些温室气体浓度增长的主要原因，农业具有碳源碳汇的双重属性：一方面农业是重要的温室气体排放源，据联合国政府间气候变化专门委员会发布，农业、林业等土地利用部门温室气体排放约占人为温室气体排放的 1/4。据《农田生态系统碳汇研究进展》统计，全球农业直接产生的温室气体排放占全球总排放量的 11%~15%，同时，农业又是一个巨大的碳汇库。据联合国粮食及农业组织数据，全球农业碳汇在碳汇库中占比约 20%，农业碳汇功能随着农业绿色发展而增加，农业碳汇规模随着山水林、田湖、草沙系统保护治理而提升。“双碳”目标的提出对未来我国农业发展指明了方向。2021 年 9 月，《中共中央、国务院关于完整准确全面贯彻新发展理念做好碳达峰碳中和工作的意见》中提出加快农业绿色发展、促进农业固碳增效。同年 8 月，农业农村部、国家发展和改革委员会、科技部等国家部委联合印发《“十四五”全国农业绿色发展规划》，也明确提出了农业绿色发展和减排固碳的目标要求，提出了绿色低碳农业产业链打造农业废弃物、资源化、产业化、高值化利用、农业绿色发展科技支撑等方面的具体任务。因此，农业的绿色发展将是助力碳达峰碳中和的主要手段。

有机农业是绿色低碳循环发展的一种农业生产体系，其本质是尊重自然、顺应自然规律和生态学原理，具有低污染、低排放、低能耗绿色生态低碳农业特征。有机农业在减排方面符合联合国政府间气候变化工作小组（International Panel on Climate Change，IPCC）的标准，有机农业的原则是禁止使用化学合成肥料和农药，这比常规农业明显要减少能源的消耗、存储较多的碳，减少温室气体的排放，消除非生物源的 N_2O 排放，减少粪肥厌氧消化产生的 CH_4。任万峋等通过模拟种植的方法表明有机农业的减排效果，模拟有机农业种植模式下，大豆种植业 N_2O 年减排率最高为 17.18%、水稻种植业年减排率最高为 10.85%。有机农业可以有效减少农业 N_2O 的排放，碳减排潜力巨大。与常规农田比，有机农业管理措施（施用有机肥、免耕等保护性耕作方式、秸秆还田以及轮作等）具有促进土壤团聚、提高微生物活性和增加土壤有机质等功效，能够增加土壤中的碳贮量，增加农田生物多样性，对极端气候具有更强的适应性。根据生态环境部有机食品发展中心的研究结果，有机种植方式每公顷的年均减排固碳量约为 600 kg CO_2 当量，我国年有机种植减排固碳总量约为 165.36 万吨 CO_2 当量。法国巴黎可持续发展与国际关系研究所（The Institute for Sustainable Development and International Relations，IDDRI）发表的报告中，评估了到 2050 年欧洲农业向农业生态过渡的情景中减少农业温室气体排放的潜力；数据显示，向有机和其他形式生态农业的过渡可使欧洲农业每年减少 38 万吨杀虫剂，对《巴黎协定》要将全球变暖控制在 2 ℃以下的目标作出重要贡献，从而使欧洲农业温室气体排放量减少 47%。

3.4 绿 色 电 力

随着能源绿色低碳转型加速推进，新型电力系统建设不断取得突破。2023 年，我国全社会用电量达到 9.22 万亿千瓦·时，同比增长 6.7%，非化石能源发电装机首次超过火电装机规模，占总装机容量的比重首次超过 50%。到 2024 年底，我国新能源发电累计装机规模达到 13 亿千瓦左右，占总装机容量比例上升至约 40%。

3.4.1 绿色电力低碳发展

针对 2013—2023 年我国能源结构的发展情况，从图 3-1 中不难发现，在我国现有的能源结构配置比例中，燃煤类占比最高，高达 61%，这也是造成我国碳排放量居高不下的原因之一，且燃煤类火力发电作为我国电能供给的重要成员，依然是电力供应的主力军。然而，多数火力发电厂均存在能耗较高的情况，如何提升发电效率、增加能量转换率、降低能量消耗以及减少碳排放，成为当前电力行业需要解决的首要问题。

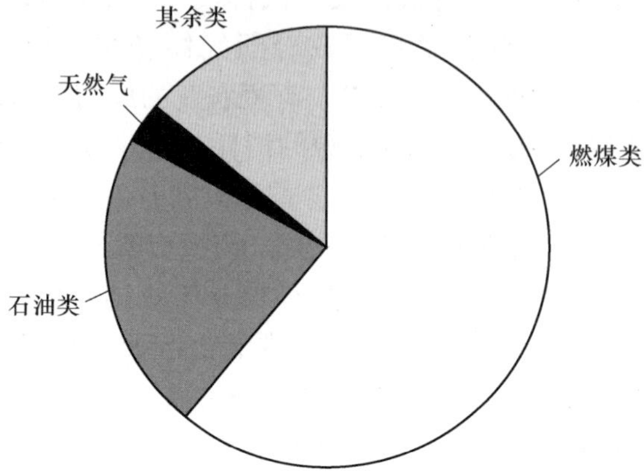

图 3-1　各类电力能源占比

绿色电力体系框架见表 3-1，主要包括绿色电厂、绿色电网和绿色能源消费等。

表 3-1　绿色电力体系

模块分类	技术组成	关键功能	典型应用场景	优势	挑战
可再生能源发电	光伏、风电、水电、生物质能、地热	零碳电力生产	大型发电站、分布式屋顶光伏	低碳可持续、资源丰富	间歇性波动、地理依赖
储能系统	锂电池、抽水蓄能、氢储能	平抑波动、削峰填谷	电网调频、离网供电	提升稳定性、延长电力利用	高成本、技术成熟度差异
智能电网	高压直流输电、微电网、物联网监测	高效传输、动态供需匹配	跨区域输电、社区微电网	降低损耗、灵活响应需求	基础设施升级成本高
用户终端	电动汽车、智能家居、绿色工厂	清洁能源消纳与高效利用	工业制造、建筑供电、交通电气化	直接减排、提升能效	初期投资高、用户习惯改变
支撑技术	AI 调度、碳追踪、区块链绿证交易	优化资源配置、量化减排效益	电力市场交易、企业碳中和核算	透明可信、激励可再生能源投资	数据整合难度大、标准不统一
政策机制	碳定价、绿电补贴、可再生能源配额	引导市场转型、降低绿色溢价	国家能源转型、企业 ESG 合规	加速技术推广、形成规模效应	政策连续性风险、国际协调难度

3.4.1.1　绿色电网

(1) 从节能层面看，绿色电网的能量损失大部分是电能远距离输配过程中产生的。因此，应多力并举降低电能在输配过程中的线损，比如可对输电侧电压进行升压改造、合理设置无功补偿设备安装点，提高电气元件功率因数、采用变频技术性能较好的计量装置、科学选择供电半径以及优化电网建设架构等。在“双碳”目标环境下，越来越多新能源发电大规模并入到配网系统中，电力系统中供电侧、电网侧和用户侧中各种能量流的耦合度以及双向能量流动度均呈现出加重的特点，对其能量损失的研究也已成为焦点。

(2) 从废料减排及环境保护层面看，严格控制六氟化硫（SF_6）的排放数量，并对其进行回收处理，已成为电网转型的关键任务之一。因此，必须对刚投入生产以及正在使用中的电力设备中的 SF_6 加强管理，严格按照相关标准规范对含 SF_6 的生产环节进行质量把控，并引入在线监测系统，实时监测 SF_6 的泄漏情况，防止造成更大的污染，从根本上降低 SF_6 的排放。此外，要深入研究 SF_6 的回收工艺，逐渐提高其回收利用率。

(3) 从低碳排放层面看，要想降低绿色电网中的碳排量，必须降低 SF_6 在发电设备中的使用量，主要从两方面入手，一是充分回收利用已退伍设备中的 SF_6，二是强化电能输送途中的节能量。

(4) 从生态层面看，输配电及变电站工程的建设设计最能彰显绿色电网的内涵，怎样在满足电力网络使用要求的基础上做到使用最少资源，并对环境造成最小影响，是实现绿色电网建设目标的关键。比如，通过对输配电系统电磁干扰和噪声处理的研究，掌握气候对电磁环境影响，进而科学设计各处的施工细节。此外，为保障电力网络搭建中绿色施工的效果，需要在电网施工环节做好生态环境评价，借助相关评价指标体系，挖掘绿色施工的重点要素，为后续绿色电力体系技术和管理工作做好铺垫。

(5) 从资源循环层面看，绿色电网建设的路径是依照降低碳排放的思路来诠释绿色电力内涵。输配电电路所用材料，以及电压逆变、传感通信等使用的电力设备，在资源节约和循环利用方面具有较大的发展空间。积极响应国家节能减排、发展循环经济的号召，不断优化相关的行业准则和管理制度，采取绩效考核措施，完善电力单位内部资源管理体系。

3.4.1.2 绿色电厂

(1) 从节能与减排层面看，首先应重点关注燃煤电厂热力系统、环保系统以及热电联产的生产环节中涉及的节能技术，提高系统余热、余压回收利用率，加大对节能热力学的深度探索，逐步提升火力发电机组的能量转换率。其次，可引入智能化电力监控节能管理系统，及时监测燃煤电厂动态运行数据，实现工厂供用电运营信息综合管理，控制电力能源消耗量，推动电力资源的合理利用，最大程度做到节能降耗。最后，燃煤电厂要精确掌控锅炉烟气、环保废气的排放数量，使之符合超低排放的相关标准。

（2）从环境保护层面看，绿色电厂（以煤电为例）的燃料燃烧效率不仅影响到能量转换效率，还关系到碳排放量。使燃料充分燃烧，提升其燃烧效率是改善绿色电厂能效、降低能量损耗、做好低碳输出工作的关键因素之一。目前，多数火力发电厂缺乏燃料预处理技术，将原煤、块煤直接放入锅炉设备中进行燃烧。但原煤、块煤中不仅杂质成分含量高，而且有害物质也比较多，最终造成燃料燃烧效率不高，且燃烧尾气严重污染环境。因此，应引入先进技术实现自动控制燃煤系统压力、智能添加燃料和智能控制加热等多种自动化功能。电厂可以采用脱硫、脱硝技术对原始燃料进行粉碎及脱硫操作，利用粉煤的方式扩大煤的燃烧接触面积，提升其燃烧效率。同时，还可以去除燃料中的大量杂质，改善燃烧质量，减少能源损失，一定程度上降低碳排放量。

（3）从低碳排放层面看，首先，绿色电厂应充分利用可再生能源。“双碳”目标下，新能源发电迅速成长，已经由之前的替补性发电发展升级为主体性发电。由于新能源具有取材方便、成本低、无污染和产电质量高等优势，在供用电市场上被广泛采纳，规模也越来越大。传统火力发电机组在引入低碳技术进行改造的同时，会被主要用于调节等辅助性生产活动。但是，新能源发电的高占比并网以及柔性输电方式，改变了电网原有的潮流分布，电力系统的稳定性难以保障。因此，在研究低碳发电技术的同时，必须采取相关技术对电力系统的电力负荷进行有效预测，科学调配电力系统中的电量分布，保障电力系统运行的稳定性。其次，要加快建设低碳电力市场。低碳电力市场是电力系统较为常见的运用场景之一，但目前缺乏标准的市场交易体系，存在不规范的交易行为，碳交易与电力市场呈现正相关联系。因此，结合我国电力行业实际情况进行低碳电力市场建设是推进绿色电厂发展的动力。目前，此类研究也取得了一定成绩。

3.4.1.3 低碳电力体系

低碳电力体系框架见表 3-2，从产品设计、生产工艺、工业园区、低碳供应链和全生命周期等角度展示了低碳制造的主要途径。由于篇幅限制，本书只针对产品设计、生产工艺和工业园区的低碳实现途径进行分析。

表 3-2 低碳电力体系框架

核心模块	关键组成	核心功能	技术/措施示例	优势	挑战
低碳发电	可再生能源（光伏、风电、水电）、核能、化石能源 + CCUS	减少发电环节碳排放	海上风电、第四代核反应堆、燃气电厂碳捕集	直接降低 CO_2 排放、提升能源结构清洁度	可再生能源波动性、核废料处理、CCUS 成本高

续表 3-2

核心模块	关键组成	核心功能	技术/措施示例	优势	挑战
灵活电网	智能调度系统、跨区域特高压输电、虚拟电厂	整合分布式能源、优化电力分配	数字孪生电网、动态电价机制	提高能源利用效率、增强系统韧性	基础设施投资大、多能源协同难度高
低碳用能	工业电气化、建筑节能改造、交通电动化	终端用能低碳转型	绿氢炼钢、光储直柔建筑、V2G（车网互动）	降低终端碳排放、提升能效	技术替代成本高、用户习惯改变
储能与调节	电化学储能、抽水蓄能、氢储能	平衡供需波动、提升系统灵活性	钠离子电池、液流电池、绿氢储运	缓解可再生能源间歇性问题	储能寿命与安全性、氢储运技术瓶颈
支持系统	碳监测与核算、数字化平台、绿电交易市场	提供技术与管理支撑	区块链绿证追踪、AI负荷预测、碳足迹可视化	增强透明度、激励低碳投资	数据孤岛问题、标准体系不完善
政策与市场	碳定价机制、可再生能源配额、绿色金融	引导低碳转型、降低技术成本	欧盟碳边境税（CBAM）		

（1）从低碳产品设计层面上看，电力企业减少碳排放的关键是可再生能源的消化吸收。在“双碳”发展大环境下，新能源发展速度必定势不可挡，但不同地区地理位置、日照和风力资源以及电力负荷分布的差异，造成新能源发电不能被电网充分吸纳，且存在弃风、弃光现象，阻碍了“双碳”目标的实现。目前，可再生能源吸纳的主体仍然是配电网，但随着分布式光伏电站、风力发电站规模的快速发展，新能源消纳也会朝着多样化、多元化方向发展。由于配电网本身在高密度接入新能源发电后也存在较多技术问题，因此未来须加大科研投入，不断研发各种新能源消纳技术，积极拓展新能源消纳的市场机制，调动资本市场参与的主动性，多措并举实现新能源发电的“就地消纳”。总之，加大新能源发电力度并充分促进其被市场吸纳后，相当于提高了电力结构中低碳能源的占比，也是电力行业低碳产品输出的外在表现。

（2）从低碳生产工艺层面上看，电力企业减少碳排放的关键是节能工作。《碳排放方法学》提出了“节能就是减碳”的观点，该观点也是电力企业加强低碳生产工艺改进的依据。从电力生产及供应的整个流程看，电力企业的能量损失主要来自电能生产、输送以及用户侧用能，在这些工艺生产过程中的每个环节都会产生能量损失。因此，需要继续深入探索节能技术与配套装备，优化与节能配套的市场管理体系，推动电力企业实现节能减碳。

（3）从低碳工业园区建设层面看，电力企业实现低碳排放的关键是提高能源利用率。随着用户侧电源市场日益活跃，某些新建的工业园区通常需要较高的冷、热和电等负荷运行条件。假如各种负荷都单独从不同的能源厂家购买，会导致成本大大增加，且无法避免能量输送过程中的浪费损耗，最终造成能源整体利用率不高。因此，工业园区低碳生产路线如何选择，对实现“双碳”目标具有重要影响。近些年，低碳工业园区的研究也在逐步推进。例如，有些园区根据自身的负荷情况，充分利用太阳能、空气源热泵和储能设备等，通过电力电子设备和智能控制系统相互连接，形成可以自主运行、并能与电网互动的微电网系统，进一步实现了资源的合理利用，降低能源浪费及碳排放量。但是，对工业园区能源利用率的深度研究比较欠缺。未来，应大力推进工业园区综合能源利用系统的研究及应用，并在工业园区、科技园区和生态园区等多种场景开展试点建设。同时，随着电力市场化改革的深入推进，园区综合能源利用系统在市场参与方面将展现出巨大的发展潜力。

从我国电力使用现状入手，对“双碳”目标下绿色电力体系及低碳电力体系的架构及实现途径进行了深入分析，探索提高资源利用率、降低碳排放量的发展路径，使电力系统朝着低碳化、清洁化的方向发展，对“双碳”目标下绿色电力低碳发展具有一定的借鉴意义。

3.4.2 “双碳”背景下电力系统储能技术的应用

3.4.2.1 “双碳”目标下的电力储能技术分析

(1) 电力储能技术。电力系统储能技术是指将电能以某种形式储存起来，并在需要时释放出来的技术。根据储能方式的不同，电力系统储能技术可以分为物理储能、化学储能和电磁储能等几类。这些储能技术各有特点，可以根据不同的应用场景和需求进行选择和应用。

(2)“双碳”目标对电力储能的需求。“双碳”目标的提出，对电力系统储能技术提出了更高的要求。一方面，随着清洁能源的大规模并网和电网调峰需求的不断增长，储能系统的规模需要不断扩大，以满足电力系统的稳定运行需求；另一方面，储能技术需要具备更高的能量密度、功率密度和循环寿命，以降低成本、提高效率和可靠性。同时，“双碳”目标也给电力系统储能技术带来了挑战。首先，储能技术的研发和应用需要充分考虑环境因素，确保其在全生命周期内具有较低的碳排放和环境影响；其次，储能技术的经济性仍然是制约其大规模应用的关键因素之一，需要先降低储能系统的成本，才能提高其经济效益；最后，储能技术的安全性和可靠性也是亟待解决的问题，需要加强技术研发和标准化建设，确保储能系统的稳定运行和安全性。

(3)“双碳”目标下电力系统储能规划的必要性。在“双碳”目标的大背景下，电力系统中风能发电和太阳能发电等新兴清洁能源的开发利用很明显是重要的趋势之一。考虑到现阶段的光伏和风电储能特征，最大的问题在于发电波动性以及分散性，因此合理完善的储能策略和调配方案可以保证电力系统的平稳运行和实时均衡。现阶段能量存储以及电力均衡供应管理工作，主要可以分为电源管理、需求管理两个方面：电源管理主要是优化不同发电集群的电力供应特性，包括运行参数、电力质量等，保证综合发电效率，从而缓解传统供电系统中的电力传输问题；需求管理则是通过技术手段调节和干预综合用电特征，一般是通过用电曲线划分，降低负荷消耗，达到节能目的。总之，合理采用储能控制技术，可以保证电力系统的发电峰谷调节，在满足用电需求的同时，最大限度降低发电消耗。

（4）电力系统储能技术的应用创新与发展趋势。随着科技的进步和新能源发电技术的不断发展，电力系统储能技术也在不断创新。新型储能材料、新型储能结构以及智能储能管理系统等不断涌现，为储能技术的发展提供了强大的支撑。

3.4.2.2 储能技术创新

（1）电网配储与调峰能力提升。在电网配储方面，储能技术将被广泛应用于提升电网的调峰能力。通过配置储能系统，可以在新能源发电高峰时段存储多余的电能，在低谷时段释放，从而平抑新能源发电的波动性，提高电网的稳定性和可靠性。同时，储能技术还可以作为备用电源，在电网故障时提供紧急供电，保障电力系统的安全稳定运行。

（2）新能源接入与并网优化。随着风电、光伏等新能源发电技术的快速发展，其在电力系统中的占比不断攀升。然而，新能源发电的不稳定性和间歇性给电网带来了巨大挑战。储能技术通过存储新能源发电的过剩电量，并在需要时释放，有效解决了新能源接入电网带来的问题。同时，储能技术还可以优化新能源发电的出力特性，提高新能源发电的经济性和可靠性。

（3）源网荷储协调互动与优化。在“双碳”背景下，源网荷储协调互动成为构建新型电力系统的关键。储能技术作为源网荷储协调互动的重要一环，通过实现能量的时空转移和优化配置，提高了电力系统的整体效率和稳定性。同时，储能技术还能为电网提供备用电源和故障恢复能力，保障电力系统的安全可靠运行。

3.4.2.3 电力储能发展趋势

（1）规模化发展。随着可再生能源的大规模接入电网，对储能系统的需求也日益增长。规模化发展意味着储能系统的容量将不断增大，以满足电网对储能的需求。大型储能电站将成为主流，能够存储大量的电能，并在需要时向电网输送电能。此外，规模化应用还将推动储能技术的成本降低，提高储能系统的经济性。

（2）多元化发展。多元化发展主要体现在储能技术的种类和应用场景的多样性上，目前，电化学储能、抽水蓄能、压缩空气储能等多种储能技术并存。未来，这些技术将进一步发展和完善，形成互补的储能技术体系。这对我国复杂的电力输出环境具有重要作用，储能系统的应用场景也将更加多样化，从而保证多点覆盖，尽力达到能源清洁目标。

（3）智能化发展。储能系统将更加智能化、自动化和协同化，实现与电力系统的无缝对接和高效互动，可以说智能化发展是电力储能技术的最重要也是最明显的趋势。通过引入先进的控制系统和算法，储能系统能够更智能地进行充放电管理，提高储能效率和响应速度，避免不必要的能源浪费和资源污染。

（4）绿色化发展。绿色化发展是电力储能技术的另一重要趋势，储能系统的生产和处置过程需要符合环保要求，减少对环境的污染。同时，储能系统还需要与可再生能源发电设备相结合，形成绿色、环保的能源供应体系。这将有助于推动全球能源结构的转型，实现可持续发展。

3.4.2.4　氢储能技术分析

氢储能技术是一种基于电解水和燃料电池技术的能量储存与转换方式，其基本原理可以概括为两个主要步骤：首先是电解水制氢，将电能转化为氢气储存；其次是利用储存的氢气通过燃料电池发电，将氢气中的化学能转化为电能。

（1）电解水制氢：利用可再生能源（如太阳能、风能等）产生的电能进行电解水，生成氢气和氧气，电解水设备通常由电解槽、电源、控制系统等部分组成。在电解过程中，需要确保电解槽的密封性和安全性，以防止氢气和氧气泄漏。

（2）氢气储存：生成的氢气经过纯化处理后，被压缩并存储在高压气罐或液态氢罐中。储存过程中需要确保氢气的纯度和压力稳定，以保证其安全性和可用性。此外，为了提高储存效率，还可以采用地下储存、金属氢化物储存等先进技术。

（3）氢气运输：储存的氢气可以通过长管拖车、管道等方式运输到需要的地方。在运输过程中，需要确保氢气的安全性和稳定性，以防止泄漏和爆炸等事故的发生。

（4）燃料电池发电：当需要用电时，储存的氢气被输送到燃料电池中与氧气发生化学反应，生成水和电能。燃料电池具有高效率和环保性，是未来电力系统的重要组成部分。同时，燃料电池还可以与其他能源系统（如光伏、风力发电等）相结合，形成互补的能源供应体系。

（5）能量管理与优化：在整个氢储能系统的运行过程中，需要进行能量管理与优化。这包括对电解水制氢、氢气储存、运输和燃料电池发电等各个环节进行实时监控和控制，以确保系统的稳定性和效率。同时，还要根据实际需求对系统进行灵活调整和优化配置。

随着“双碳”目标的深入推进，电力系统储能技术的发展前景广阔。未来，储能技术将在电力系统的各个领域得到更广泛的应用，新型储能技术的不断涌现也将为电力系统清洁能源转型提供有力支持。

3.4.3 “双碳”目标下中国绿色电力市场建设

推动绿色电力市场建设是促进能源消费绿色低碳转型、实现“双碳”目标的有效途径。中国已经启动绿色电力市场建设，目前正处于快速发展期，尚需对相关的关键问题进行研究，为绿色电力市场建设提供支撑。

3.5 电动汽车助力绿色交通

“实现碳中和”这一目标的必然途径是走绿色低碳可持续发展之路。交通行业作为碳排放重点行业，实现交通领域绿色低碳发展是实现碳中和的重要路径。近零排放的电动汽车是绿色交通的重要组成部分，在碳中和背景驱动下，发展电动汽车已是大势所趋。本节将以电动汽车为切入点，浅析近年来国际国内电动汽车有关支持政策及发展现状，提出对中国绿色交通领域碳中和目标实现的启示。

3.5.1 国际汽车工业大国电动汽车发展现状

3.5.1.1 德国电动汽车发展现状

德国是汽车工业发源地，汽车工业实力雄厚，始终位于全球汽车强国的第一阵营。在欧盟碳排放法规不断加严的环保压力下，车企、各国政府加快研发和推广新能源汽车，特别是电动汽车。2007 年，为响应欧盟《2020 年气候和能源一揽子计划》，德国发布《综合能源与气候规划》，确定通过使用电动汽车来减少交通领域碳排放的目标，2009 年德国《国家电动汽车发展规划》明确了电动汽车的国家战略性地位。

自 2009 年以来，德国已累计提供超过 22 亿欧元的研发资金，支持氢能及燃料电池汽车、电池及储能、整车技术、智能电网等核心技术的开发及应用。在电池研发及生产方面，为缩小与亚洲的差距，达成 2030 年欧洲电池供给占全球 30% 份额的目标，德国在 2022 年前提供 10 亿欧元支持欧洲电池研发及生产。在充电基础设施建设方面，德国政府在 2017—2020 年分别投资 2 亿欧元和 1 亿欧元用于 5000 台快充电站和 10000 个充电站建设。

德国机动车税为保有税，根据德国“传统化石燃料汽车基于温室气体排放和发动机排放缴纳年度保有税”相关规定，2011 年 5 月—2020 年 12 月注册的纯电动汽车免征 10 年机动车税。充电桩补贴方式按照充电功率及投资额设置最高补贴金额 0.3 万～3 万欧元；2020—2025 年价格低于 4 万欧元的纯电车型电动汽车可以获得 9000 欧元的补贴，其中 3000 欧元将由制造商支付。基于优惠税收政策，2019 年德国电动车销量约为 10.8 万辆，比上一年增长 61%，位列欧洲第一。

3.5.1.2　英国电动汽车发展现状

作为老牌汽车工业强国，英国一直走在汽车领域科技创新的前沿，同样英国政府也十分重视电动汽车发展。据英国《金融时报》消息，英国政府近日宣布，2030 年开始在全英国范围内禁止销售新的汽油车与柴油车，以减少温室气体排放，这比此前提出的 2040 年又提前了 10 年。据德勤发布的报告称，预计到 2030 年，英国电动汽车数量将增至 700 万辆，届时需要配套 2.8 万座公共充电桩，目前英国大约只有 1.35 万座公共充电桩。因此无论从保障能源安全，还是应对气候变化减少污染物排放考虑，都促使英国政府大力发展电动汽车及相关配套产业。

英国对电动汽车的支持政策从 1995 年起，共分为三个阶段实施，从 2017 年起已进入了第三阶段，先后发布了《英国道路近旁氮氧化物减排计划》和《零排放之路》。其中，《零排放之路》是一套较为完善的政策体系，此阶段英国将通过激励政策建立覆盖主要使用场景的充电基础设施，并进一步严格可享受购置补贴、税收优惠、超低排放区豁免政策车辆的 CO_2 排放标准。

在英国汽车需要缴纳购置税、保有环节税等，2017 年以来针对零排放的汽车，上述两项税均可以免征。同时，电动汽车还可享受免征交通拥堵费。此外，英国政府还对电动车经销商进行补贴。各种政策激励下，2019 年英国电动车（含混合动力）销量约 7.4 万辆，比上年增长 25%，其中纯电动车销量约 3.8 万辆。

3.5.1.3　日本电动汽车发展现状

日本是汽车制造大国也是世界上最注重节能的国家之一，20 世纪 70 年代石油危机的爆发导致日本经济增速放缓，迫使日本转向节能减排的产业发展方式，在汽车产业方面日本也较早开展了节能减排和电动汽车研发。

1998 年日本通过《应对全球变暖法》，明确全社会均应履行 CO_2 减排义务。2010 年日本发布《下一代汽车战略（2010）》，从电池、基础设施等方面制定了发展战略、目标和行动计划，在此基础上 2014 年又发布了《汽车产业战略（2014）》，继续通过购置补贴、加速建设公共充电设施等措施以推进实现 2010 年汽车战略目标。2018 年日本组织成立“汽车新时代战略委员会”，并提出“xEV”概念，强化了对“电动化”的支持，力争到 2050 年实现“Well-to-Wheel Zero Emission”(油井到车轮零排放)。2020 年 11 月，日本经济产业省确定高性能电池开发的战略方针，将以补助金的形式给予支持推动新兴企业的技术开发。虽然日本纯电动汽车未能占到市场主流地位，但日本政府仍通过各种税收优惠措施，提高纯电动汽车的占比。目前日本纯电动的乘用车和微型车免征购置税，在保有方面至 2023 年 3 月 31 日前纯电的上述车型减税 75%。充电基础设施则根据购买和安装成本提供不同金额的补贴。根据日本汽车工业协会的统计，在减税和补贴政策下，日本新能源汽车的年销售比例从 2008 年的 2.6% 持续增加到 2018 年的约 38%。2018 年日本国内销售新能源汽车约 166 万辆，其中电动汽车销量为 26533 辆，约占总销量的 1.6%。

3.5.2 中国电动汽车产业发展现状

中国新能源汽车产业自 2001 年国家正式启动“863”计划电动汽车重大专项以来，经历了战略规划期（2001—2008 年)、导入期（2009—2015 年)、成长期(2016 年至今）20 多年的发展。当前中国新能源汽车产业已从导入期迈入成长期，整体发展良好，以电池、电机、电控“三电”技术为代表的关键技术不断取得突破，全产业链发展逐步贯通，国际化发展正逐步推进，未来发展空间巨大。

3.5.2.1 中国电动汽车产业政策

在国家战略布局方面，2012 年 6 月国务院发布的《节能与新能源汽车产业发展规划（2012—2020 年)》中明确指出：到 2020 年，纯电动汽车和插电式混合动力汽车生产能力达 200 万辆、累计产销量超过 500 万辆。2020 年 11 月，国务院办公厅印发《新能源汽车产业发展规划（2021—2035 年)》，要求深入实施发展新能源汽车国家战略，推动中国新能源汽车产业高质量可持续发展，加快建设汽车强国。

在财税政策方面，从 2013 年至今，工业和信息化部联合其他部委先后发布多份新能源汽车购置补贴通知文件，并多次调整财政补贴标准引导市场走向。根据 2020 年 4 月，财政部、工业和信息化部、科学技术部、国家发展和改革委员会联合发布《关于完善新能源汽车推广应用财政补贴政策的通知》，综合技术进步、规模效应等因素，将新能源汽车推广应用财政补贴政策实施期限延长至 2022 年年底。平缓补贴退坡力度和节奏，2020 年补贴标准不退坡，2021—2022 年补贴标准分别在上一年基础上退坡 10%、20%，原则上每年补贴规模上限约 200 万辆。

在充电设施建设方面，2015 年 10 月工业和信息化部联合其他部委发布《电动汽车充电基础设施发展指南（2015—2020）》指出，到 2020 年中国将新增集中式充换电站超过 1.2 万座、分散式充电桩超过 480 万个，以满足全国 500 万辆电动汽车的充电需求。2018 年 11 月国家能源局等四部委联合发布了“关于《提升新能源汽车充电保障能力行动计划》的通知”，要求引导地方财政补贴从补购置转向补运营，逐渐将地方财政购置补贴转向支持充电基础设施建设等环节。充电基础设施产业在经历从竞争到合作的发展历程后，进入强强联合、多产业融合的发展阶段。

3.5.2.2　中国电动汽车产业的发展现状

在全国绿色发展的主题下，中国电动汽车产业也迎来了跨越式的发展，已逐步从培育期进入发展期，成为引领全球汽车产业绿色低碳转型的重要力量。据中国汽车工业协会统计，2019 年中国纯电动汽车生产完成 102 万辆，同比增长 3.4%，销售完成 97.2 万辆，同比下降 1.2%。据统计，截至 2019 年年底，全国新能源汽车保有量达 381 万辆，占汽车总量的 1.46%，与 2018 年底相比，增加 120 万辆，增长 46.05%；其中，纯电动汽车保有量 310 万辆，占新能源汽车总量的 81.19%，继续处于全球领先地位。近年来，随着国内电动汽车市场规模的不断发展，公共充电基础设施保有量也在持续增长。在国家和地方相关鼓励政策的大力扶持下，我国公共充电桩保有量从 2016 年的 57792 台增加至 2019 年的 516396 台。与此同时，车桩比水平也迅速提升，由 2015 年的 7.84 ∶ 1 提高到 2019 年的 3.5 ∶ 1。

在技术方面，中国已实现电动汽车的“三电”自主，整车技术也取得较大进步。近年来，中国动力电池产业保持高速发展，与国际先进水平的差距逐渐缩小。动力电池正极材料从磷酸铁锂转向三元材料，普通三元材料转向高镍方向，共同促进动力电池系统能量密度的提升。电机基本完成国产替代，向集成化、高效化方向发展。电控核心器件已经陆续突破了沟槽栅场终止型 IGBT 芯片设计和制造、模块封装设计和制造、大功率器件测试应用等关键技术与工艺，在产品性能和封装水平方面与国外同类产品相当，中国车规级 IGBT 已经开始在新能源汽车领域大规模应用。

3.5.3　电动汽车产业政策建议

中国电动汽车产业持续保持健康发展，已连续多年产销量位居世界前列，从长远来看国内电动汽车产业的发展未来仍存在挑战，仍需各领域合力推动相关产业合理有序发展。为落实 2060 年前中国碳中和目标实现，电动汽车将在绿色交通领域发挥至关重要的作用。

（1）继续强化顶层设计和战略规划。当前政策力度正持续降低，建议进一步优化财税支持体系，充分发挥中央财政资金的撬动作用，保持电动汽车的财税支持政策体系总体稳定和可预期，引导和鼓励地方政府和企业加大车辆电动化推广应用力度。同时，积极发挥绿色金融的杠杆作用，鼓励金融机构通过绿色信贷、绿色基金等方式引导社会资本扩大参与支持补贴弱化后电动汽车的产业发展。

（2）加快新技术研发与革新。突破电动汽车及动力电池关键核心技术，提高创新资源的利用效率，建议借鉴国外发展经验，加大研发投入力度，重点加强动力电池材料、电池管理系统设计、生产工艺和设备、安全等方面的研发，推动锂离子电池升级换代和新型电池产业化，尽早突破制约电动汽车产业发展的技术瓶颈，提升国际竞争力。

（3）完善充电基础设施建设及规划，推动电动汽车与电网能量高效互动，降低电动汽车用电成本。建议加强用地保障，将配建要求纳入土地供应条件，在已有各类建筑物包括停车场、公交场站、社会公共停车场、高速公路服务区等场所配建充电基础设施；加大对充电基础设施的补贴力度，在产业发展初期给予适度支持；尽早出台充电服务费分类指导价格，并在总结各地经验基础上，逐步规范充电服务价格机制。

3.5.4 汽车电池技术

动力电池与一般蓄电池不同，它是以较长时间的中等电流持续放电为主，间或以大电流放电（启动、加速时），并以深循环使用为主。为满足电动车的动力性能、安全性能及经济指标要求，动力电池一般应具备以下特征：比能量高；比功率大；循环寿命长；安全性好；均匀一致性好，可靠性高；高低温性能好，环境适应性强；自放电率低；绿色环保；价格低廉。

对于目前任何一种动力电池来说，如果要完全满足上述要求，显然存在一定的困难。在实际选择电池时，往往根据汽车本身动力系统的要求，侧重于电池的某一部分指标，将其他指标作为参考。

纵观电动车的发展历程，出现过多种不同类型的汽车和电池，其中产生巨大影响并商业化使用至今的电动汽车电池主要有铅酸电池、氢镍电池和锂离子电池。

3.5.4.1 铅酸蓄电池

铅酸蓄电池（RLAB）的正极材料为 PbO_2、负极材料为 Pb，电解液为稀硫酸溶液。其反应机理是：

正极： $PbSO_4 + 2H_2O \longrightarrow PbO_2 + 3H^+ + HSO_4^- + 2e^-$

负极： $H^+ + PbSO_4 + 2e^- \longrightarrow Pb + HSO_4^-$

总反应：　$2PbSO_4 + 2H_2O \longrightarrow Pb + PbO_2 + 2H^+ + 2HSO_4^-$

铅酸蓄电池是目前在汽车领域应用最为广泛的电池，主要作为内燃机汽车内部各种电器和电子设备的电源。铅酸蓄电池是1859年由法国著名化学家Gaston Plante发明，现在电动汽车上应用的铅酸蓄电池一般是正极采用二氧化铅、负极采用海绵状的铅，电解液为稀硫酸溶液。由于铅酸蓄电池的性能可靠，价格低廉，技术较成熟，可以大批量生产，所以在早期的电动汽车上得到广泛应用，至今仍作为动力源应用于旅游观光车、电动叉车或者一些短距离行驶的公交车上。但铅酸电池存在一些明显的缺点，如质量重、过充/放电性能差、易自放电、快速充电困难，当前存在的主要问题是一次充电的行程短，并且存在环境污染。

由于铅酸蓄电池的上述缺点，一些专家学者和相关企业已经开始把目光转向其他的动力电池研究，他们认为铅酸蓄电池将逐步退出电动汽车市场。但事实证明，铅酸蓄电池的生命力依然旺盛。国内的混合动力城市客车（如五洲龙汽车、安源客车、安凯汽车和厦门金旅）依然在使用铅酸蓄电池。由于铅酸蓄电池的技术比较成熟，经过进一步改进后的铅酸蓄电池仍将是近期电动汽车的主要电源。

值得一提的是，美国奥巴马政府宣布拨款24亿美元支持美国48个项目发展“下一代电池和电动车”，其中用于电池及电池材料生产的为15亿美元。细观其内容，铅酸蓄电池也在其中。

3.5.4.2　镍氢电池

镍氢电池以金属氢化物为负极活性材料，以$Ni(OH)_2$为正极活性材料，以氢氧化钾水溶液为电解液。镍氢电池在充放电过程中的电化学反应如下：

正极：　$Ni(OH)_2 + OH^- \longrightarrow NiOOH + H_2O + e^-$

负极：　$M + xH_2O + xe^- \longrightarrow MH_x + xOH^-$

总反应：　$M + xNi(OH)_2 \longrightarrow MH_x + xNiOOH$

相比铅酸蓄电池，镍氢电池在能量体积密度方面提高了3倍，在比功率方面提高了10倍。镍氢电池独特的优势包括：更高的运行电压、比能量和比功率，较好的过度充放电耐受性和热性能。但镍系电池有记忆效应，且电池单体的电压较低，不易组成大容量电池组。为了达到一定的功率和电压等级需要大量的串联电池，随之带来的一致性问题会限制其应用；并且镍氢电池价格高，均匀性较差，特别是在高速率、深放电情况下，电池之间的容量和电压差较大，自放电率较高，性能水平和现实要求还有差距等问题，这些都影响镍氢电池在电动汽车上的广泛使用。

3.5.4.3　锂离子电池

当今各国能量存储技术研究的热点，在大容量、长寿命和安全性三个方面表现突出。对于锂离子电池技术，最大的挑战是继续扩大电池容量，同时保证安全性和循环次数不受影响，并降低成本。现阶段车用动力电池多数仍停留在价格相对便宜的铅酸蓄电池等传统产品上，但随着技术突破和生产成本下降，锂电池质轻、续航里程长以及高能量密度和高输出功率的优势将逐渐浮现。长期来看，锂离子电池将成为未来车用动力电池的首选技术。

目前锂离子电池中已经投产的有液体锂离子电池（LiB）和聚合物锂离子电池（PLiB）两种。锂离子电池的正极材料有 $LiCoO_2$、LiNiO、$LiMnO_2$、$LiFePO_4$ 等化合物，负极材料一般采用能嵌入锂的石油焦炭、纯石墨和层状混合碳等材料。以 $LiFePO_4$ 为例，锂离子电池充放电的化学反应式为：

充电：$LiFePO_4 \longrightarrow Li_{1-x}FePO_4 + xLi^+ + xe^-$；$6C + xLi^+ + xe^- \longrightarrow Li_xC_6$

放电：$Li_{1-x}FePO_4 + xLi^+ + xe^- \longrightarrow LiFePO_4$；$Li_xC_6 \longrightarrow 6C + xLi + xe^-$

锂离子电池在能量密度和充放电性能等方面均优于其他类型的电池，其工作电压高（3.6～3.9 V）、质量轻、比能量高、无记忆效应、无污染、自放电小、循环寿命长，因此它几乎占据了动力电池整个市场的半壁江山。但锂离子电池技术已经沉寂了 20 年没有大的技术革新，最大的障碍在于锂离子电池功率密度有限，其大量能量无法快速接收或释放，并且在安全性、循环寿命、成本、工作温度和材料供应等方面也存在缺点。磷酸铁锂电池由于热稳定性好、循环寿命较长和安全性好等优势，如今已经成为下一代动力电池最有力的竞争者。由于我国有丰富的锂矿，铁的价格也十分便宜，这就大大降低了磷酸铁锂电池的成本，因此使其在动力电池的选择上占有优势。

从发展趋势看，大型锂离子电池企业与大型汽车公司合作开发车用动力电池系统或将成为潮流，最著名的例子莫过于美国特斯拉汽车公司与日本松下集团的密切合作。在全球热销的特斯拉电动车，正是采用了松下公司为其定制的锂离子电池系统。强强联手一方面可加强动力电池开发的资本实力，保障产业化所需的资金；另一方面将加快汽车与动力电池的接口融合，加速实现其产业化。

3.5.4.4 空气电池

A 锌空气电池

锌空气电池主要由空气电极、锌电极、电解液和隔膜组成，以空气中的氧气作为正极活性物质，金属锌作为负极活性物质，使用碱性电解液。放电时电化学反应如下：

阳极： $Zn + 2OH^- = ZnO + H_2O + 2e^-$

阴极： $0.5O_2 + H_2O + 2e^- = 2OH^-$

总反应： $2Zn + O_2 = 2ZnO$

锌空气电池原材料价廉、质量比能量较高、工作电压平稳、电池的生产过程对环境没有明显的影响、无污染、不燃爆、可循环利用等优势，但是也存在诸多问题制约着它的发展，如使用寿命不高、空气电极在催化剂选择上要兼顾效用和成本两方面的因素，锌电极的更换再生过程比较繁琐等。总的来说，锌空气电池作为一种清洁能源，虽然有以上问题需要解决，但仍非常适宜用作电动汽车的动力电源，具有很大的开发潜能。

B　锂空气电池

锂空气电池采用了电负性极低且最轻的金属锂负极与空气中氧为正极的组合设计，质量和电压优势最为突出。它的化学反应原理十分简单，其放电时化学反应如下：

阳极：$Li \longrightarrow Li^{+} + e^{-}$

阴极：$O_2 + 2H_2O + 4e^{-} \longrightarrow 4OH^{-}$

总反应：$4Li + O_2 + 2H_2O \longrightarrow 4LiOH$

与目前的可充电电池中盛行的锂离子技术相比，锂空气电池理论上有能量密度可能要高 10 倍的巨大优势，以至于全球的研究人员都在开展锂空气电池的研究。锂空气电池至今都未普及的原因在于它存在致命缺陷，即固体反应生成物氧化锂（Li_2O）会在正极堆积，使电解液与空气的接触被阻断，从而导致放电停止。目前，适合长寿命高功率锂空气电池使用的电解质系统设计和高效空气电极的开发，是发展锂空气电池的两大重要课题。2015 年 11 月，化学教授克莱尔格雷和她的团队攻克了锂空气电池开发中的技术难关，尤其是化学上的不稳定问题。研究人员使用了氢氧化锂而不是过氧化锂作为锂空气电池的制造原料，锂空气电池选用石墨烯制作电极，使得锂空气电池更稳定、更高效，可以充电 2000 次以上，能源效率达到了 93% 左右。这种电池可大大拓展电动汽车的续航里程，并大幅改观电力存储的经济效益。不过，锂空气电池仍处于进一步研究阶段，目前锂空气电池的充电、放电水平依旧非常低，距离锂空气电池技术成形、大规模使用阶段可能需要 10 年以上时间。

3.5.5　汽车快充技术

3.5.5.1　大功率充电技术的发展趋势

在未来的电动汽车充电领域中，大功率快速充电必然会占据较大的市场份额。但是，无论是主流电动汽车制造企业，还是充电设备生产企业，都无法准确评估大功率快速充电的市场发展潜力。这些企业会根据自身的判断结果，集中在某一方面发力，这就会对电动汽车和充电设备的发展产生影响。

（1）整车层面：不同电动汽车的充电功率将会在原有基础上实现大幅的提高。例如，大功率充电客车的充电电压将会提高至 1500 V，充电电流将会提高至 600 A。在 2025 年之后，电动乘用车也会普及 350 kW 的充电功率。

（2）动力电池层面：为了满足电动汽车的大功率快速充电需求，各大动力电池生产企业在研究新兴电池或新体系电池的过程中，纷纷开始控制单体能量密度，使其始终保持在 300 W·h/kg 以上。在这一过程中，这些企业主要在以下两个方面发力。首先，重点强化锂离子的接收能力，提高锂离子的传输能力，确保锂电池的 4 ~ 6 C 高倍率充电的实现。其次，重点提高电池使用的可靠性，确保电池即使是处于更加恶劣、复杂的气候温度条件下，也能够在一定程度上消除电池快充过程中产生的高温热量，或者在电池电量达到一定标准时，直接由快充模式调整为涓流充电模式，起到延长电池使用寿命的作用。

（3）充电设备层面：在未来的一段时间内，充电设备生产企业将会把更多的资源和资金投入大功率快速充电桩的研发中，并逐步加大大功率快速充电模式的市场化推广力度。首先，加大 1400 VIGBT 等关键零部件的开发力度，强化这些关键零部件的耐高压能力和绝缘性能，从而为机械设计与电气设计安全性的提高打好基础。其次，加强全新充电接口或转换接口的设计，提高新充电模式与旧电动车辆的兼容度。最后，对液冷泵、液冷管道的应用予以高度的重视，确保这些设备的充电温度始终不超过 120 ℃。同时，对充电线缆、充电枪头等设备进行轻量化和小型化处理，以提高充电操作的便捷性。

3.5.5.2 大功率快速充电技术的未来应用场景

目前，大功率快速充电标准已经与 2015 版的充电标准相协同，市场上的充电设备越来越多，充电网络也越来越完善。同时，充电运营商也开始关注充电市场的实际需求，并在此基础上预测了企业未来的盈利情况，然后展开了相应的布局建设。近几年来，大功率快速充电模式的应用场景已经变得非常广泛。

（1）城市公共充电场景。未来的一段时间内，长续驶里程的电动乘用车在运行过程中对电池的续驶要求也会越来越高，大容量动力电池的市场应用前景极为广阔。另外，城市公共充电场所也会增设一定数量的大功率充电设备，尽可能满足电动乘用车车主的充电需求，并保证充电等待时间更短，充电体验感更好。

（2）运营类车辆的充电场景。电动公交车、出租车、网约车及物流车等作为主流的运营车辆，其运营效率直接受到充电时间的影响，因此这些车辆对充电效率有着极高的要求。大功率快速充电桩的普及与应用，能够进一步缩短这些运营车辆的充电时长，使它们能够更快地从充电站返回运营状态，有效提升整体运营效率。

综上所述，大功率快速充电技术的应用与普及，对电动汽车领域的发展有着积极影响。但是，只有从整车层面、动力电池层面和充电设备层面出发，加大对大功率快速充电技术的研究力度，并将这一技术普及到城市公共充电场景、运营类车辆的充电场景和高速公路充电场景中，才能够从整体上提升这一技术的应用水平，为我国电动汽车及其相关产业的发展提供保证。

3.6　公路运输

3.6.1　公路运输绿色转型过程存在的问题

3.6.1.1　运输结构问题

目前我国每百万吨公里二氧化碳排放量从大到小依次为公路、铁路、水运，可以说铁路和水路运输是相对比较低碳的运输方式，公路运输则能源消耗较多，同时碳排放较为明显。

2020 年公路完成的客运量和货运量占交通运输全行业完成运量的比例已经超过了 70%，基于运量的结构特征来看，客货运输表现出公路依赖的特点，导致交通运输行业碳排放明显，能源消耗及相关污染物排放较多，生态友好的特点受到影响。因此，研究减少公路碳排放的政策和路径是当前交通运输部门需要解决的重大课题。

减少公路碳排放量仍然存在一定的技术和政策难度。首先，公路运输碳排放源头之一就是机动车，包括汽油车以及柴油货车。由于新能源车在技术上存在一定限制，其并不能完全取代汽油、柴油车。其次，由于近年来网购的快速发展，快递运输业也随之而生。快递的运输在很大程度上需要公路来完成，并且公路运输方式较为灵活，可以实现门到门的传输，这一优点是其他运输方式无法比拟的。最后，铁路货运存在一定局限性，尤其是铁路总体运力紧张、通达程度不足，以及和其他运输方式的衔接不畅等都使人们选择公路出行，而不是铁路。所以，目前减少公路运输的二氧化碳排放量仍然是交通行业碳减排的重点所在。

3.6.1.2　节能减排技术问题

提升车辆的减排技术水平对实现交通行业碳排放降低至关重要。自我国“双碳”目标提出以后，相关部门已先后出台了一系列政策推动低碳交通发展，如《2030 年前碳达峰行动方案》中明确指出要大力推广使用新能源汽车，减少传统燃油汽车在汽车保有量中所占的比例，推广使用电力、氢燃料等清洁能源为动力的车辆。

虽然国家鼓励大力发展新能源汽车，但是因为新能源技术发展并不成熟，很多方面达不到标准，所以存在很多问题。例如，续航（相比传统燃油车，续航不够理想），充电站和充电桩建设问题（充电桩过少）、安全问题（电池发热引起爆炸）以及电池寿命问题，这些因素都阻碍了新能源汽车的发展。

3.6.1.3　资金投入问题

低碳新技术需要在前期投入相当大的成本，所以交通运输企业会面临较大的资金压力。由于成本过高很容易导致企业亏钱，因此阻碍了低碳新技术的发展。

3.6.2 公路运输领域“碳中和”的压力、方向和措施

数据显示，2019 年交通运输领域碳排放总量在 11 亿吨左右，占全国碳排放总量的 10%，其中公路运输又占比 74%，可见公路运输板块占比之大。相关部委也出台文件引导和促进公路运输领域低碳发展，但是系统成熟的、切实可行的脱碳路径仍不明确。

3.6.2.1 实现“碳中和”的宏观路径

实现“碳中和”的宏观路径总体来说有三个：首先，控制、减少碳排放，含限制化石燃料能源的使用及转向、增加清洁能源的使用；其次，促进、增加碳吸收，含技术手段固碳和生态方式固碳；最后，绿色金融支撑，含绿色信贷、绿色债券、绿色基金、碳交易、碳期货等。

3.6.2.2 “碳中和”压力

公路运输包括运输工具、能源结构、能耗设备、基础建设等多个板块，脱碳成本高、难度大，三大宏观路径的系统性探索还没有成型，微观层面或多或少有些实践，但在智慧公路建设、能源替代、电动汽车续航里程、人车交互等方面的技术探索和应用还不够成熟，绿色金融体系还未建立，脱碳路径任重道远。另外，公路运输领域作为“碳中和”的关键一环，牵一发而动全身，关系到多产业、多领域协同减排的压力，实现目标任务艰巨、困难重重。

3.6.2.3 “碳中和”发展方向

“碳中和”目标对于现阶段的公路运输而言，可以说是机遇和挑战并存。但是，通过实践来看，方向已经有明确指向性。首先，抓好综合系统规划是前提，综合利用现有交通网络，做好基建、能源等辅助系统的利用率，从而整体性、系统性完成布局规划是必然的；其次，推动能源结构调整和技术减排革命是根本，推进智慧公路建设，完成能源结构调整和供给调整，布局新能源、清洁能源供给网点，应用新工艺、新技术、新设备是必然的；再次，推动生态、社会和经济效益兼容大势所趋，国民经济发展不均衡、不充分，统筹兼顾经济发展实际，因地制宜、因时施策、多领域协同理性减排是必然的。

3.6.2.4 “碳中和”具体措施

（1）智慧高速公路建设先行。首先，着力控制和减少建设本身带来的碳排放，将节约、绿色、低碳的理念贯穿工程建设和管理运维全生命周期，推动工序

科学衔接、智慧绿化、隧道照明智控、旧路材料价值利用、建筑垃圾科学处理、延长路面大中修周期等。其次，为零碳能源推广创造条件，以综合构建智慧能源综合保障为前提，开展智能化改造，加大充电站基础投资，推动风电、光伏发电等新能源供应辅助，保障建设多层次的充电解决方案；用于调峰调频，满足负荷，为取消燃料能源替代做好全面保障。最后，为智慧应用搭建基础，通过预先在沿线布设感知、通信、定位等智慧化设施和云控平台集成自动化技术，为自动驾驶、运营维护、资源调度、信息服务等奠定基础。

（2）综合调控现有运输结构。数据显示，公路碳排放总量接近70%由货运、客运车辆产生。因此，对当下货运车辆运输结构进行调整是重中之重，要因地制宜推动“公路+铁路+航空+水路”等轻量化、快捷化、多元化的运输模式有机结合，并借助互联网+、5G、车联网、AI等智能应用，通过大数据综合调控，优化资源配置，提高公路运输效率和公路货物周转量，从而达到减碳目标。

（3）推动能源标准升级、替代和转型。首先，持续燃油标准升级，在国六油品的基础上，排放标准再提高，推动一氧化碳、总碳氢化合物和非甲烷总烃排放下降，指标全面超越欧盟水平。其次，加快实现氢能、氨能、锂电池的技术突破，实现非化石燃料的替代。最后，新能源车推广应用，减少燃油车新增，努力实现汽车产业全面电动化转型，确保新能源车在道路车辆中的占有量和渗透率。

（4）大力推广和应用新技术、新工艺、新设备。首先，实现工程建设科技减排。广泛采用基层冷再生、高性能混凝土等先进工艺，推广应用改性沥青等环保材料，最大限度节约资源，延缓维修周期，研发和采用新型节能灯具、蓄光和漫反射等新技术、新工艺、新设备持续降低照明能耗。其次，在汽车领域探索新技术，不断提高汽车能效标准，提高汽车内燃气排放标准，在发动机方面实现新突破；同时，研发提高电动汽车续航里程。最后，实现人车交互技术变革，探索科学的拥堵适应、生态驾驶和碰撞规避等自动驾驶技术，实现车路协同赋能，运行效率最优。

“碳达峰、碳中和”目标已经明确，绿色低碳转型发展刻不容缓。因此，建立绿色低碳循环公路运输产业体系是时代命题，需要从业者在这场变革驱动下加快低碳技术攻关和应用，形成系统成熟的、切实可行的脱碳路径，助力我国“碳中和”战略实现。

3.6.3　管理性减排措施

3.6.3.1　提高燃油车排放标准

2010—2021年，我国内燃机排放标准从“国三标准”逐步升级到“国六标准”，每一次变化都意味着排放要求更加严格。2021 年 7 月，我国开始实施重型燃油车“国六排放标准”，该标准较于“国五排放标准”来说，颗粒物排放限值降低到原来的十分之一、碳氢化合物和一氧化碳排放限值降低了 50%。长期来看，燃油车排放标准将会继续提高，有关部门应当采取更加严格的措施，进一步加强客运和货运车辆的燃料消耗限值标准。

3.6.3.2 对碳排放征税、对清洁能源生产研发进行补贴

二氧化碳的排放会造成负外部性，边际私人成本小于边际社会成本。边际私人成本与边际社会收益的均衡点为实际碳排放量 Q_1，边际社会成本与边际社会收益的均衡点为社会最优碳排放量 Q^*，Q_1 大于 Q^*。通过对碳排放进行征税，边际私人成本增加，新的均衡点变为社会最优排放量 Q^*。这样能够消除负外部性，降低二氧化碳排放量。

政府可通过对传统燃油车征收燃油税以及购车税等，迫使二氧化碳排放量降低，促进高速公路绿色发展。同理，可对清洁能源车继续进行补贴，使边际社会收益等于边际私人收益，二氧化碳排放量减少。同时，国家对新能源技术研发进行补贴，可以在一定程度上解决部分新能源技术成本过高问题，从而推动新技术的研发与应用。

3.6.3.3 碳排放权交易

碳排放权交易的原理是基于科斯手段，利用市场机制把碳排放进行产权化处理，从而降低碳排放总量。这在实质上是将二氧化碳的排放权当作一种商品，需求方通过向供给方支付一定金额，获得相对应数量的碳排放权。通常，政府会制定一个碳排放量总额，并根据一定分配方式将配额分配给每个企业。如果未来企业的实际碳排放量比配额高，那么就需要到碳交易市场向供给方购买一定数量配额；与此同时，如果部分企业采用新技术低碳减排，最终其实际碳排放量比配额低，就可以通过碳市场向需求方出售剩余碳配额。2021 年 7 月，我国首个碳市场正式开市，将发电行业纳入其中。由于运输行业碳排放较为分散，可建立个人碳交易市场，鼓励公众参与，实现碳普惠。这样最终能够降低二氧化碳总排放量，有利于整个运输行业实现环保绿色发展。

交通碳排放是影响环境质量的一项重要因素，应当深入研究公路运输碳排放变化的环境、影响因素、内在机理以及减排政策和措施，切实推动我国交通运输领域碳减排和碳达峰。

4 能 源 替 代

4.1 清洁能源技术

随着全球能源需求的不断上升和气候变暖问题的日益严峻，传统化石能源已难以满足绿色可持续发展的需求。世界各国积极推动能源绿色转型，不断推动绿色能源产业发展。为缓解能源供给和低碳发展间的矛盾，世界各国正努力推动新型能源体系的低碳建设。截至 2023 年底，全球风电装机容量新增 115.97 GW，累计装机容量达到 1.02 TW；光伏装机容量新增 345.5 GW，累计达到 1.42 TW，清洁能源装机容量快速提升。

"清洁能源技术"尚无统一定义，一般是指在可再生能源、新能源及煤的清洁高效利用等领域开发的有效控制温室气体排放的新技术。近年来，欧盟提出了净零工业和净零技术等概念。净零技术包括可再生能源技术、电力和蓄热技术、热泵技术、电网技术、可持续替代燃料技术、电解槽和燃料电池等技术。

五种关键清洁能源技术，如太阳能光伏、风能、核能、热泵和电动汽车。

碳中和进程中清洁能源技术创新及发展，成为全球技术竞争和博弈的焦点。国际能源署等机构联合发布的报告评估了电力、公路运输、钢铁、氢能和农业五大行业实现突破性目标所面临的主要挑战，如清洁能源技术创新投入严重不足、很多关键技术尚不成熟或处于研发初级阶段。近年来，美国、欧盟、中国、日本、印度等立足于各自不同的资源禀赋与技术优势，正积极出台政策法规，加大对清洁能源领域的投入力度，推动清洁能源技术创新及产业化发展，构建绿色低碳国家能源体系，提升国际竞争力。为实现"双碳"目标，我国需要加大清洁能源技术投入力度，推动五大行业的能源转型，积极与发达国家及共建"一带一路"国家开展清洁能源领域的交流与合作，以提升我国的国际影响力。

4.1.1 国际社会推进清洁能源技术概况

五大行业温室气体年碳排放量总和占全球年碳排放量的 50% 以上，因此实现 2030 年突破性目标的难度很大，需要加大资金投入力度，推动清洁能源技术创新和应用。

碳中和目标已成为全球共识，全球很多国家都在积极推动电力、公路运输、钢铁、氢能和农业五大行业的能源转型、清洁能源技术发展，但面临很多挑战。

近年来，我国在清洁能源技术研发和产业化发展方面具有较强的先发优势。但是，作为全球能源消费和碳排放大国，我国在“双碳”目标下促进清洁能源发展仍面临很多的技术瓶颈，如清洁能源发电稳定性有待提高、电力关键核心装备尚存短板、能源利用效率偏低、关键矿物精选不足等。因此，研究全球清洁能源技术发展面临的挑战，具有一定的现实意义。

4.1.1.1 主要行业清洁能源相关突破性目标情况

2021 年 11 月，《联合国气候变化框架公约》第二十六次缔约方大会（COP26）在英国格拉斯哥召开。在 COP26 上，45 位国家和地区（44 个国家及欧盟）领导人发起了突破性议程（The Breakthrough Agenda），确定了电力、公路运输、钢铁、氢能和农业五个行业的突破性目标，承诺 10 年内将加速清洁技术的创新与应用，并努力使清洁技术及可持续解决方案成为每一个排放部门能获得的最实惠、最有吸引力的选择。截至 2022 年 9 月 1 日，美国、中国、日本、印度等 44 个国家和欧盟（GDP 合计占全球 GDP 70% 以上的缔约方）批准了突破性目标，《突破性日程报告（2022）》评估了五个行业实现突破性目标面临的主要挑战。

（1）全球电力行业 CO_2 排放量大、投资严重不足，亟须提高可再生能源发电能力和发电设施的能源利用效率，加大投资力度。电力行业突破性目标是“到 2030 年，清洁能源是所有国家都能有效满足其电力需求的既经济实惠又可靠的选择。”通过评估发现，近 20 多年，由于可再生能源部署速度加快及成本降低，可再生能源装机容量在 2011—2021 年增加了 1.7 TW。目前，全球电力行业 CO_2 排放量约为 130 亿吨，占全球 CO_2 总排放量的 22%。2021 年，中国、欧盟、美国、日本和印度的能源转型投资约占全球能源投资的 84%。2010—2020 年，全球可再生能源发电领域投资累计超过 2.8 万亿美元；非洲有巨大的电力需求和丰富的资源，但能源投资只有 2%。为实现突破性目标，到 2030 年电力行业 CO_2 排放量需要比 2020 年降低 50% 以上，并新增 7.4 ~ 8 TW 的可再生能源发电能力，进一步提高发电设施的能源利用效率。因此，电力行业清洁能源投资需要以每年 25% 的速度增长，到 2030 年达到每年 2 万亿美元，推动电力行业向清洁电力系统过渡。

（2）公路运输行业 CO_2 排放量大，亟需开发新技术，扩大新能源汽车生产和基础设施建设规模。公路运输行业的突破性目标为“到 2030 年前，在所有地区都可获得价格合理且可持续使用的净零排放汽车。”评估发现，公路运输部门 CO_2 的排放量约为 60 亿吨，约占全球 CO_2 总排放量的 10%，公路运输是造成空气污染，进而对公众健康带来威胁的重要因素。为实现突破性目标，公路运输行业到 2030 年需要降低 30% 以上的 CO_2 排放量。2021 年，净零排放的汽车仅占全球汽车销售量的9%；到2030年，净零排放的汽车应占全球汽车销量的60%左右，公共充电设施需增加10倍以上。因此，各国政府应进一步开发新技术，并加强交流与合作，统一充电基础设施标准至关重要。

（3）钢铁行业CO_2排放量大，生产集中度高，必须开发和应用新的近零排放钢铁技术。钢铁行业突破性目标为“到2030年，近零排放钢铁将是全球市场的首选，每个地区的钢铁企业都实现了高效利用和近零排放。”评估发现：钢铁行业CO_2排放量约为30亿吨，约占全球总排放量的5%。当前，钢铁产量处于历史最高水平，每年约是20亿吨。中国钢铁产量占世界总量的53%，全球前五大钢铁生产公司（中国宝武集团、鞍钢集团、沙钢集团，安塞乐米塔尔，日本新日铁）产量约占全球钢铁产量的75%，钢铁排名前15的国家产量接近全球的90%。目前，全球每年生产的近零排放的初级钢不到100万吨，到2030年每年将需要生产超过1亿吨。为实现突破性目标，到2030年全球钢铁生产的平均直接碳排放强度也需要下降30%左右，因此，开发和应用新的近零排放钢铁技术至关重要。多项使用氢能、碳捕获、利用和封存技术或直接电气化的低碳排放初级炼钢技术，正在研发或示范应用。

（4）氢能技术不成熟，生产和消费规模小，还需开发电解水制氢和储能技术。氢能突破性目标为“到2030年，全球可获得价格合理的可再生能源及低碳氢能。”评估发现，氢能领域CO_2排放量约为9亿吨，约占全球总排放量的1.5%。国际上生产和使用的氢能主要是“灰氢”，而“蓝氢”及“绿氢”规模都很小，特别是“绿氢”发展尚处于早期阶段。目前，已有25个国家及欧盟发布了氢能战略，将氢能发展列入其清洁能源转型政策。国际能源署于2022年9月发布的《2022年全球氢能评估报告》显示，2021年全球氢能需求为9400万吨，需求量仅达到全球终端能源消耗的2.5%。目前，全球氢能的产量很低，生产成本尚不具有竞争力。2021年，电解水制氢产能近8 GW，其中80%产能在欧洲和我国。目前，美国、澳大利亚和印度正在扩大电解水制氢产能。

（5）农业领域CO_2直接排放量大，降低CO_2排放难度大。农业领域突破性目标为“到2030年，气候适应性强的可持续农业将成为对世界各国农民最广泛的选择。”评估发现，农业领域CO_2排放量约为100亿吨，约占全球CO_2总排放量的17%，其中农业生产直接排放的CO_2约70亿吨。报告提出，为实现突破性目标，需要采取行动持续提高农业生产力，减少农业生产过程中的温室气体排放，保护好土壤、水资源和生态系统，以适应应对气候变化的能力。

4.1.1.2 主要行业未来清洁能源利用发展趋势分析

（1）碳中和目标约束下，五大行业的能源转型将会加速，CO_2减排的力度将会不断加大，清洁能源技术创新和资金投入力度急需加大。随着全球经济的复苏，全球电力需求增长速度将会加快，新电网、新设备的需求将会加大。

与煤电相比，太阳能、风能发电具有典型的间歇性、波动性和随机性特征，直接影响电力系统的可靠性；交通领域不仅要推动新能源汽车使用，还要进一步完善充电基础设施标准，建设涵盖人工智能、大数据、自动驾驶、车路协同的智能交通体系。新能源汽车所需锂、钴、镍等关键矿物资源储量不足，国际市场竞争激烈；钢铁行业是典型的资源能源密集型行业，钢铁行业转型正面临钢铁冶炼工艺碳排放过高、炼钢工艺转变困难等挑战，须开发使用氢能、碳捕获、利用和封存技术或直接电气化的低排放炼钢技术；氢能有利于实现工业、交通等领域的深度脱碳，被视为未来可有效替代终端传统化石能源的战略性能源，但氢能技术尚不成熟；农业既是全球气候变暖的主要受害领域，也是温室气体的主要排放源。与电力、交通、工业等行业相比，农业活动中温室气体的排放机制更为复杂，追踪、测量和消除农业碳足迹是全球净零排放的重大难题，面临较大的技术挑战。

（2）五大行业的能源转型，可能会形成新的绿色贸易壁垒，对广大发展中国家的经济发展造成巨大压力。

近年来，全球地缘政治不确定性上升，能源自主性和安全性愈发重要。长期以来，欧洲很多国家能源自主性严重不足，一直依赖进口俄罗斯的石油、天然气等能源。乌克兰危机发生后，欧洲很多国家深受能源危机和通胀压力的影响。为维护能源安全，德国、法国、英国等欧洲国家将推动可再生能源发展和五大行业能源转型作为摆脱能源危机、发展绿色经济的重要举措，正努力通过制定更严格的能源政策和技术标准提高欧洲企业的国际竞争力。很多发展中国家的经济、技术比较落后，能源转型投入严重不足。随着全球主要发达国家积极推进五大行业能源转型、清洁能源技术创新及应用，发达国家和发展中国家在清洁能源领域的经济、技术鸿沟可能会加大，也可能会形成新的绿色贸易壁垒。

4.1.2 我国推进清洁能源技术创新及产业化的进展与短板

（1）我国颁布相关政策，积极推进清洁能源技术及产业化发展。近年来，我国先后发布《国家适应气候变化战略2035》《关于完善能源绿色低碳转型体制机制和政策措施的意见》《“十四五”现代能源体系规划》《智能光伏产业创新发展行动计划（2021—2025年）》《氢能产业发展中长期规划（2021—2035）》，积极推进清洁能源转型，努力构建清洁低碳、安全有效的能源体系，电力装机容量和发电量居世界第一，太阳能光伏、风力发电等取得显著成效，连续多年光伏发电新增装机容量居世界第一。2023年6月2日发布的《新型电力系统发展蓝皮书》(以下简称《蓝皮书》）明确了构建新型电力系统的总体构架、重点任务和“三步走”的发展路径，提出以高比例新能源供给消纳体系建设为主线任务等构建新型电力系统的具体要求，强调促进电源低碳、减碳化发展，推动新能源逐渐成为装机主体电源，进一步加快煤电清洁低碳转型步伐。

（2）面临的主要短板。我国是全球能源消费和碳排放大国，2022 年一次能源消费总量为 46.6 亿吨标准煤，比 2021 年增长 9.2%；能源消费总量为 54.1 亿吨标准煤，比 2021 年增长 2.9%。我国资源赋是“富煤、少气”；消费结构呈煤炭占比大，石油、天然气、新能源占比小的“一大三小”格局，能源转型压力很大。电力、钢铁都是技术密集型行业，技术的进步以及能源效率的提高都离不开技术创新和发展。我国清洁能源技术及产业化发展取得很大进步，但仍面临很多挑战。截至 2022 年底，我国各类电源总装机规模达 25.6 亿千瓦。其中，可再生能源发电装机规模达到 12.7 亿千瓦，占总装机的 49.6%，超过煤电的装机规模；非化石能源发电量达 3.1 万亿千瓦·时，占总发电量的 36%。我国清洁能源技术在工业、建筑、交通、农业等领域得到了大力发展和应用。然而，清洁能源技术开发成本较高，需要大量的资金投入，面临较大的市场风险；新能源快速发展，数字化水平、智能化水平、系统调节和支撑能力，还需要进一步提升；氢能、交通等产业还面临基础设施不足、能源效率偏低、市场需求不足，技术发展存在短板等问题。

4.1.3　政策建议

为实现碳中和目标，日本计划通过“绿色转型”债券筹集 20 万亿日元，印度提出了生产挂钩激励计划，英国、加拿大等国也相继提出针对绿色低碳能源技术的投资计划，努力提升本国或本地区清洁能源企业的国际竞争力。面对各国激励政策及其对清洁能源技术的战略部署，我国清洁能源技术发展未来将面临更多的挑战，产业发展所处国际环境的不确定性也将明显增加。

4.1.3.1　加强关键矿产资源产业链与供应链韧性建设

为实现“双碳”目标，我国应密切跟踪美国、欧洲、英国、加拿大、日本、印度等有关清洁能源的政策法规及技术进展，加强与《联合国气候变化框架公约》秘书处、全球环境基金（GEF）、全球气候基金（GCF）、国际能源署（IEA）、国际可再生能源署等国际组织合作。近年来，我国关键矿产资源需求量增长很快，一些稀有金属矿产资源产业链、供应链受国际矿物市场和价格波动的影响较大。为提高关键矿产资源的开发利用效率，我国有关部门需要尽快出台激励政策，寻找可替代的原材料，拓展关键矿产资源上下游产业链、供应链，打造多元供应体系，降低供应中断的风险，增强关键矿产资源产业链、供应链的韧性。

4.1.3.2　完善激励措施，推动五大行业的能源转型

实现“双碳”目标，需要完善绿色税收、绿色信贷等激励措施，加大清洁

能源领域的资金投入力度，推进绿色低碳能源的核心技术创新攻关，提高节能和能源利用效率。根据各地区不同的资源赋，优化太阳能、风力发电布局，进一步巩固太阳能、风能、氢能、核能等清洁能源技术在国际上的领先优势，推动电力、氢能生产、公路运输、钢铁和农业等五个关键行业的能源转型。

4.1.3.3 积极与共建“一带一路”国家开展合作与交流

部分共建“一带一路”国家拥有丰富的清洁能源，如太阳能、风能、地热能及生物质资源等。近期，为实现《巴黎协定》目标及国家自主减排目标，这些国家正在制定能源转型政策，积极推动光伏发电项目建设。但是，由于缺乏技术和政策支持，集中式光伏发电站规模不大、分布式光伏电站投资意愿不强烈。我国可与这些国家加强合作，发挥能源、技术、资金等优势，推动绿色低碳能源技术创新与推广应用。

4.2 氢能产业技术发展分析

氢能作为一种清洁、高效的二次能源，具有热值高、来源广泛、环境友好等特点，被认为是未来能源转型和实现“双碳”目标的重要能源形式。在实现碳中和目标的道路上，氢能不仅可以直接替代部分化石燃料，还可以作为可再生能源的补充。在风、光波动等不稳定输出的情况下提供高效稳定的能源支持，氢能产业的发展对推动全球能源结构向更加清洁、高效和可持续转变具有重要意义。随着氢能技术成熟和设备成本降低，氢能在未来能源市场中将扮演越来越重要的角色。全球能源转型的大背景下，氢能正在迎来前所未有的发展机遇。近年来，世界各国在氢能领域积极开展技术探索，不断推动氢能产业发展。世界各国重点关注氢能的生产技术，通过使用可再生能源（如风能、太阳能）来电解水制氢，从而确保整个生产过程的零碳排放。此外，氢能还可应用于运输（包括车辆、轨道、船舶，甚至航空）和工业生产（如化学品制造、钢铁制造），为部分难以实现脱碳的行业实现深度脱碳。随着各国氢能战略的实施和技术发展，氢能在全球范围内正快速成为一个具有竞争力的能源选择。投资者和企业也越来越多地关注氢能领域，氢能的商业化进程正在加速。这不仅表明了氢能作为可持续能源的潜力，也体现了全球共同努力实现清洁能源转型和应对气候变暖的决心。随着氢能技术进步和市场成熟，预计氢能将在未来几十年内的全球能源领域扮演越来越重要的角色。

为推动能源绿色、低碳转型，探索“双碳”目标下中国能源发展路径，为构建“氢能社会”提供技术方案，有必要梳理氢能产业的关键技术进展，分析氢能产业现状和发展趋势，并对未来氢能产业发展进行展望和提出发展建议，以期为氢能产业未来发展提供启示和理论支撑。

4.2.1　氢能产业技术原理

4.2.1.1　氢能制备技术

氢能根据制备技术和流程主要可分为灰氢、蓝氢和绿氢。

其中，灰氢主要由化石能源进行制备，制备过程产生大量碳排放，在制备灰氢过程中采用碳捕集和碳封存设备进行低碳处理制得的氢气称作蓝氢。绿氢主要通过可再生能源以电解水的方式进行制备，制备过程不产生碳排放。目前全球96%以上的氢气为灰氢，绿氢占比不到4%。

4.2.1.2　氢能储运技术

氢能储运技术分为气态储氢、液态储氢和固态储氢。

气态储运技术作为应用最广泛的储氢方式，具有加氢速度快、成本相对较低、技术较为成熟、规范较完善、应用范围广等优点。但是，运输效率低、能量密度低、体积比容量小等缺点限制了气态储运技术发展。储氢罐常见的有15 MPa、20 MPa、35 MPa、70 MPa、80 MPa等规格。储氢罐常用于国内实验室，氢气瓶压力常用15 MPa，长管拖车储氢罐压力常用20 MPa，大多数高压储氢罐压力常用35 MPa和70 MPa。氢能运输过程是将氢气加压以后，利用长管拖车、管道等方式运输，按照经济性来考虑，长管拖车适合近距离（500 km）。长管拖车具有技术成熟、运输灵活等特点，由于运输量小，考虑运输成本不适合长途运输；相比长管拖车，管道运输具有运输容量大、运输距离长、点对点精确运输等特点。但是，由于氢气的特性，容易产生氢脆现象，管道材料需要达到一定的要求，因此一次性成本高，且需要防范氢脆。

低温液态储运技术是将氢气在 -253 ℃以下进行液化，使用液氢槽车进行运输，具有运输效率高、储能密度高的优点，常用于航空航天、液氢无人机和液氢汽车领域。然而，液化氢气耗能巨大，同时具有运输途中容易爆沸、压力升高等缺点。与高压气态运输相比，液氢槽车更适合中距离氢的运输，液氢槽车的单次运输能力远远高于气态运输。但是，由于氢气需要先低温液化，所以需要额外的成本和能源对氢气进行预处理；由于液氢槽车施加压力高，温度变化容易引起液氢爆沸导致爆罐，所以容易引发安全问题。同时，液氢的运输对工艺、运氢设备要求更高。液氢也可以用管道运输，如美国肯尼迪航天中心使用真空多层绝热管道输送液氢，但是低温液态运输对管道要求更高，管道维护成本也高，因此管道运输液氢技术难以大规模推广。

固态储运技术通过储氢材料吸附氢能，再运送储氢材料，最后通过相对应的方式析氢完成运输。常用的储氢材料有碳基储氢材料（如活性炭、碳纳米管）、沸石、金属有机骨架、镁基储氢材料、锂基储氢材料、铁钛基储氢材料、稀土储氢材料等。氢化物储氢是通过化学方法或者物理特性将氢能储存在储氢材料中。物理储氢主要依靠材料的高比表面积，利用范德瓦耳斯力吸附氢气；化学吸附则是金属单质或合金与氢气发生化学反应，用化学键来吸附氢气。固体运输具有储量大、密度高、储存成本低、安全稳定性强等特点，但是质量过重、不适合大量运输。储氢材料质量过重导致运输成本高，相比前几种储运方式，储氢材料更适合长时间、季节性储氢，而不是运输。由于固态储运技术储量大且安全稳定，使得此技术被广泛应用。根据储氢原理不同，固态储运技术可以分为物理吸附储氢和复杂氢化物储氢。

4.2.2 氢能利用技术

4.2.2.1 交通

氢能作为燃料与传统化石能源相比，具有热值高、点火能量小、火焰扩散快、低碳无污染等优点，是目前最被看好的替代传统化石能源的燃料。纵观人类燃料发展史，从煤炭、石油、天然气到未来的氢能，碳含量逐渐降低，氢含量逐渐增加，这一趋势越来越明显，同时燃料的热值也越来越高。随着社会发展，环境保护意识增强，能源需求逐年递增，氢能成为替代化石能源的选择。氢燃料电池和氢内燃机的能量转化方式不同。氢内燃机类似传统内燃机，将化学能转化为机械能。氢内燃机相比燃料电池更容易在现有社会基础上推广，且成本更低，因此氢内燃机受到众多学者关注。燃料电池汽车是实现可持续发展和节能减排的关键一步，日本、韩国、德国、法国等在氢燃料电池车领域开展了众多研究。随着我国经济逐步转向高质量发展阶段，发展燃料电池汽车成为我国汽车制造业转型的必然趋势。燃料电池汽车的核心部件是燃料电池，供应着车辆动力。燃料电池最早由 Grove 在 1839 年发明，但是并没有应用。1952 年，英国人贝肯申请燃料电池的发明专利，因此燃料电池又称贝肯电池。燃料电池利用化学方式将氢气储存的能量转化为电能。与传统内燃机汽车相比，燃料电池具有转化效率高、无碳排放等特点，是高效利用氢能的方式之一。与电动机相比，燃料电池具有高续航、低质量、快速添加燃料等优势。

4.2.2.2 储能

氢能发电主要以燃气轮机或者燃料电池来实现，主要用于偏远地区和临时场所的离网发电。用电低谷时将多余电能制氢，同时可以将可再生能源以氢能的方式储存在地下盐穴、气体网络或大型储罐中，用电高峰时通过氢能发电，很大程度上减少了弃风、弃光的现象，缓解了用电高峰的压力，以此平衡能源需求和能源供应的差异。不仅如此，氢能还可以在电网遭到灾害时紧急供电。氢能同样可以应用于建筑领域，如通过直接燃烧和燃料电池为房屋供应电能和热能。但是，由于价格高，难以与其他燃料正面竞争。未来随着制氢技术成熟、储运技术发展和燃料电池等用氢技术推广，氢能成本会大幅度下降。以氢能为桥梁，利用分布式发电、直接燃烧、氢内燃机、电解水等方法，将电、热、机械和可再生能源等不同能源类型联系到一起，打破传统能源行业单独运行的现象，实现氢能的多能互补，整合不同能源类型，提高能源整体的利用效率。

4.2.2.3 工业领域

氢能在化工领域的应用是多样且关键的，尤其体现在它作为原料和反应介质的多重角色。它最显著的用途之一是在氨的合成中，氢气与氮气反应产生氨，这是生产化肥及其他氨基化合物的基础过程。炼油工业中，氢气用于加氢裂化和脱硫，提高燃料品质并减少污染物排放。此外，生产某些化工产品（如塑料、合成橡胶）时，氢气在烃类的加氢处理中发挥着核心作用。氢气还作为强效还原剂，在金属提炼和电子材料制造中发挥作用。随着对环境友好型化工流程的需求日益增长，利用可再生能源通过电解水制取的绿氢，为降低化工过程的碳足迹提供了可行方案。这种绿氢的应用不仅有助于减少化工产业的碳排放，也是实现整个行业可持续发展的关键。简而言之，氢气在化工领域的作用不只是传统的应用，更是推动行业向更清洁、高效方向发展的重要力量。

4.2.2.4 建筑

氢能在建筑领域的应用日益成为一种创新且可持续的能源解决方案，它为实现建筑行业的能源效率、可持续性以及碳中和目标提供了新的机遇。作为一种高效的清洁能源，氢能可以通过燃料电池系统集成到建筑中，既供应电力也提供热能，特别适用于追求环保的办公楼和住宅。此外，氢能在建筑能源管理中发挥着关键作用，特别是在峰值削减和负载调节方面，有助于平衡电网负荷，特别是在电力需求高峰期间，氢燃料电池能够提供额外电力，而在需求低谷时，多余的可再生能源电力可用于生产并储存氢气。在供暖和制冷系统方面，氢能提供了一种高效的解决方案，氢气驱动的燃气锅炉和吸收式制冷系统使建筑能更有效地控制其内部温度。

将氢能应用于建筑，特别是结合太阳能和风能等可再生能源，有助于建筑实现零碳排放目标，实现能源自给自足。此外，作为一种有效的能源储存方法，氢气储存不受时间限制，能够提供长期的能量储备，特别适合解决间歇性可再生能源的不稳定性问题。进一步地，通过将氢能系统与建筑的智能能源管理系统相结合，可以实现能源使用的最优化，提高能源使用效率和成本控制。随着氢能技术的进步和成本的降低，氢能在建筑领域的应用预计将在未来得到更广泛的关注，不仅能助力建筑业的绿色转型，也为创建更加智能化和可持续的建筑环境提供了可能。

4.2.3 国内外氢能产业现状

全球“氢能经济”兴起于20世纪70年代，美国通用汽车公司启动燃料电池车的研发拉开了氢能规模化利用的序幕。近年来，不少国家都加大了氢能战略和投入，甚至将氢能视作“世纪机遇”提高到国家战略层面。但是各国的路线图各有侧重，以德国、挪威为代表的欧洲重点发展风光电制氢，以绿氢助力脱碳经济；以美国、加拿大为代表的美洲国家侧重氢能全生态构建，着力推进氢能基础设施建设；以澳大利亚、新西兰为代表的大洋洲国家高度重视氢能国际合作，欲借助先进成熟技术来助其实现“后发赶超”，澳大利亚欲成为亚洲氢能出口大国；以沙特为代表的中东国家多个氢设施建设项目正在规划和进行中，日本已掌握全球85%的氢燃料技术专利，力求在全球范围内打造其主导的氢能产业链；韩国计划到2050年使氢能成为最大的能源消费品种；俄罗斯将通过氢能出口打造经济新增长极，各国加大氢能产业发展举措对我国发展氢能极其有利。

我国氢能产业的发展可概括为五个主要环节：氢气的制备、储存、运输、加注以及应用。每个环节都经历了显著的技术进步和市场发展，形成了较为完整的产业链结构。我国的氢能产业链在各个环节都取得了显著进步，从氢气的生产到广泛的应用领域，这些进展共同推动了氢能产业的整体发展。但是，面临成本、技术和市场接受度等挑战，我国在氢能领域的成就展现了其在推动清洁能源和实现碳中和目标方面的决心。未来，随着技术的成熟和政策支持，我国氢能产业预计将继续在全球能源转型中发挥重要作用。

4.2.4 氢能产业面临的问题

4.2.4.1 绿氢成本高昂

制氢成本一直是我国氢能产业面临的核心挑战之一。目前，我国的氢气主要通过天然气重整和煤气化等方式生产，虽然成本较低，但这些方法对环境影响较大。电解水制氢对环境友好，由于技术复杂度高、能耗大，其成本远超传统方法。即使最近几年电解水法的成本有所下降，与化石燃料法的成本差距仍然显著。此外，可再生能源的波动性增加了电解水法成本的不确定性。因此，如何降低绿氢的生产成本，是我国氢能产业发展中亟待解决的问题。

4.2.4.2 化石能源制氢成本低，但温室气体排放量大

由于地球上的氢一般以化合物形态存在，因此氢气需要从其他物质中转化而来。当前化石能源、工业副产制氢虽然技术较为成熟、成本较低，但产品是灰氢，在制氢过程中会排放大量的CO_2。

4.2.4.3 绿电制氢零排放，但成本偏高

电解水制氢主要有碱性、质子交换膜、阴离子交换膜、固体氧化物等技术途径，我国主流技术为碱性电解槽（AWE）、质子交换膜电解槽（PEM）。

绿电制氢成本远高于化石能源制氢成本，主要是电耗过高、电解槽年利用小时数低，还不具备竞争优势。到2035年，绿电制氢成本将与天然气、氯碱副产、煤气化的制氢成本持平，优于氯碱副产制氢。同时，绿氢成本降低又能推动化石能源等其他制氢方式的改进。再考虑化石能源制氢 + CGS 技术和电解槽性能提升，“风光电 + 储 + 氢”组合的制氢优势就会不断凸显，是“双碳”目标下最有可能成为我国主力能源的技术路线。

4.2.4.4 绿氢生产能力有突破，但中下游基础设施薄弱

我国单套碱性电解槽产能已达2000 m^3/h（标态），以能源央企主导的“风、光、电、储、氢”大基地建设取得明显进展，但主要集中在我国西北地区；而市场需求主要在长三角、珠三角等，要连接这样长距离的供需两侧，综合各种运氢方式，管道输氢较为经济。目前我国管道输氢主要为天然气掺氢方式，纯氢管道建设处于起步阶段，规模较小，总里程仅400 km。已建管道以企业解决自身储运问题和化工园区内应用为主，加氢站建设存在规划及标准不明确、多部门协调机制不完善、关键零部件和材料依靠进口、用地审批难等制约因素。我国已建成加氢站358座，在运营仅245座，多数为示范项目。由于市场上加氢用户单一并且量少，运营成本高，因此不少加氢站盈利能力差或亏损。

4.2.4.5 用途广泛，但目前市场需求冷淡

我国氢能产业仍处于起步阶段，市场尚未形成，与氢气的优良特性、广泛用途相比，目前的用户群尚未得到应有的开发。除了一些行业、企业内自用，较大的领域在氢燃料电池及其交通载具方面，距离“进万家”相差甚远，一些公众对氢能还存在一定的误解和不信任，主要出于储运、使用中的安全考虑，因为目前氢气属性仍为危化品。

4.2.5 氢能产业发展的具体方法

4.2.5.1 降低绿氢制备成本

未来，氢能产业的一个重要发展方向是降低绿氢的制备成本。绿氢，即通过可再生能源电解水制得的氢气，被视为实现清洁能源转型的关键。目前，绿氢的生产成本较高，主要是因为电解水技术的能源消耗大和相关设备成本高昂。未来

的发展将集中在提高电解器的效率、降低能耗，以及通过规模化生产降低设备成本。此外，随着可再生能源技术的进步和成本下降，绿氢的经济性将进一步提升。政府政策支持、技术创新和产业链协同将是降低绿氢成本的关键因素。

4.2.5.2 天然气掺氢技术

天然气掺氢技术通过在天然气中掺入一定比例的氢气，旨在提高能源的清洁度和利用效率。这种混合气体可以使用现有的天然气基础设施，从而降低过渡到纯氢能源系统的成本和复杂性。掺氢技术不仅有助于逐步实现低碳排放，还可以作为推动氢能应用的过渡策略。未来，随着掺氢比例的提高和相关技术的完善，天然气掺氢有望成为一个有效的中长期解决方案，同时推动氢能技术的发展和市场接受度。

4.2.5.3 海上风电及海水制氢

海上风电结合海水电解制氢是氢能产业发展的另一重要方向。利用海上风电场的高效率和稳定性，可以为电解海水制氢提供大量、稳定的清洁电能。这不仅能有效降低绿氢的生产成本，还能实现氢能生产的规模化和集中化，海上风电场的开发也有助于解决陆地风电场面临的空间限制和环境影响问题。此外，利用海水作为电解原料，可以减少对淡水资源的依赖，进一步提高氢能生产的可持续性。随着海上风电技术的成熟和成本的降低，海上风电耦合海水电解制氢将成为氢能产业的重要支撑，同时也面临着一系列技术难题。

4.2.5.4 扩大氢能化改造

以各级政府为主导，鼓励和推动在企业、交通、学校、社区等行业领域开展氢能应用试点示范。培育氢能“进万家”新的应用场景，推动现有城市公共服务车辆、各类货运车辆、内河航运船舶的氢能化改造。今后随着电池体积缩小，应普及到各类乘用车领域，推进“光 + 电 + 氢 + 储 + 热”一体化分布式能源站建设。结合老小区改造推进氢能化试点，2021 年我国第一座氢能进万家智慧能源示范社区在佛山丹灶镇正式投运，社区中 3 栋楼全部配备单独的家用氢能燃料电池热电联供系统，系统能源利用率最高可达 92%，能源费用和碳排放降低近一半，这对于推广城市建筑使用氢能具有积极的意义。

4.2.5.5 健全氢能产业法规标准体系

根据国家标准化管理委员会等六部门联合印发的《氢能产业标准体系建设指南（2023 版）》，加快部署开展核心标准研制和国际标准化提升“两大行动”系统，构建氢能制、储、输、加、用全产业链标准体系。加快更新、完善行业标准子体系，弥补空白，设立氢能产业相关材料和装备设备的准入标准，建立氢能生产及应用事前、事中、事后全过程监督体系。在政策上，建议既要继续加大对氢能产业的扶持，也要保持政策的前瞻性、完整性、连续性，不断完善碳排放配额管理和自愿减排交易机制，积极推进碳税立法。

氢能作为未来清洁能源体系的重要组成部分，对于推动能源结构转型和实现碳中和目标具有不可替代的作用。目前，氢能产业在全球范围内正迎来快速发展的新阶段，这得益于各国政府的政策支持、技术进步以及对可持续发展的日益重视。氢能的主要优势在于其高能量密度、清洁性和多样化的应用领域。未来，随着技术的进一步发展和成本的降低，氢能将在电力、交通、工业和建筑等多个领域发挥更加关键的作用。尽管氢能产业前景广阔，但其发展仍面临诸多挑战，包括绿氢生产成本的高昂、氢能储运技术的局限性、基础设施的不足、能源效率问题以及市场需求的不确定性等。为了应对这些挑战，需要加强技术创新，推动产业链的成熟发展，优化政策环境，并增强公众对氢能价值和潜力的认识。从长远来看，氢能有望成为促进全球能源转型和实现气候目标的关键力量。随着技术突破和市场应用的扩展，氢能将逐步实现商业化和规模化，进一步提升其在全球能源市场中的地位。此外，氢能作为连接可再生能源与传统能源的桥梁，将在实现能源多元化和提高系统弹性中扮演重要角色。未来，氢能产业的发展不仅促进清洁能源的广泛应用，还将为全球经济带来新的增长点，同时对于缓解气候变暖和提升能源安全具有重大意义。

4.3 光伏政策研究及其产业发展趋势

相比于其他传统能源而言，太阳能能源具有无法比拟的先天优势：可再生、储存丰富、源头持久、无污染，即太阳能作为一种安全、清洁、高效的新能源，可以说取之不尽用之不竭。

随着全球科技水平不断的发展，太阳能相关技术和产业也在有序推进，在不久的未来，洁净的太阳能资源必将取代高污染、高消耗、低效率、不可再生的化石类资源。虽然，太阳能相关产业，如光伏产业具有不可限量的潜能，但从太阳能技术发展面临的瓶颈障碍，以及企业发展面临的难题来看，处于初期的太阳能产业发展受到成本、效率、周期、市场等诸多不利因素的影响，从而造成现实发展难以逾越的困局。在此背景下，各国政府不遗余力地争相加大科学技术推进，并辅以法规政策鼓励，以寻求经济发展的新动力，如德国、美国、日本相继提出的“光伏屋顶计划”“新阳光计划”，中国提出的《太阳能发展“十二五”规划》等。在全球各国政府的政策和法案的促进下，全球太阳能产业必将高速发展，步入历史新阶段。

4.3.1 各国政策介绍

由于政府的激励政策，全球共计 49 个国家根据自身国情制定了太阳能光伏产业及相关产业的政策规划。截至 2014 年，至少有 42 个国家采用购电法、光伏份额标准以及政府购置补贴政策，促使跨国企业、金融机构相继投资太阳能产业，加速再生能源产业走向成熟。《全球光伏市场分析和 2020 年展望》报告指出，2017 年全球光伏的新增容量将超过 80 GW，按照平均增长幅度计算；至 2021 年度全球新增光伏装机容量将达到 110 GW，2021 年累计光伏装机容量将达到 800 GW 左右；到 2030 年，光伏系统将提供 2600 TW/h 的电能，占全球所需电量的 14%。

4.3.1.1 美国

美国于 1992 年开始实行“能源政策法案”，各州、地方也通过信贷担保、税收抵免、低息贷款、生产补贴等方式有效降低太阳能产业成本，积极促进太阳能光伏产业的形成和健康发展。总结具有战略意义的太阳能光伏政策和计划主要有：强制光伏上网电价政策（Feed—inTariff）、税收抵免政策（Tax creditpolicy）、联邦建筑屋顶计划（Federalroofprogram）、津贴补助政策（Subsidy policy）、信贷担保（Credit guarantees）。目前，美国太阳能光伏市场正处于稳固上升状态，2017 年美国政府批复了多个太阳能产业能源项目，并积极加强了优惠和奖励的力度，预计超过 4 GW 的太阳能装机容量在 2017—2020 年内完成，2018 年实现 2.5 ~3 GW 的新增装机容量，在 2019 年度财政预算草案中，用于支持太阳能研发与应用的经费高达 6.57 亿美元，这一系列的太阳能产业政策、科研资助项目为美国太阳能光伏市场的稳健发展提供了强有力的保障。

4.3.1.2 加拿大

受邻国美国的影响，加拿大开始关注非水再生能源，尤其是太阳能光伏资源对国家经济的影响，采用低息贷款吸引新型投资者的关注，并充分利用政府的职权和资源，高效率地促进太阳能产业的稳步成长。国家能源委员会（NEB）的报告中指出，联邦政府太阳能能源发电装机在过去几年高速发展，其速度远超预期。例如，太阳能的增速度高达 125 倍，2015 年风能和太阳能的装机容量总和占加拿大总装机容量的 11%（2005 年，这一数字仅为 2%）。此外，截至 2015 年年底，加拿大共有约 2.5 GW 的太阳能装机容量，预计未来会以每年 700 MW 的速度稳定增长；因洁净太阳能资源的推广，矿物资源发电，如煤炭发电造成的温室气体排放量下降了 40%；地方省市，如阿尔伯塔、新斯科舍、新不伦瑞克以及萨斯喀彻温 4 省已经同联邦政府就淘汰煤炭发电签订了协议，计划采用新型技术或关闭煤炭发电厂等措施来实现节能减排的目标。据统计，目前加拿大政府将进一步提高太阳能光伏发电在新能源发电中的比例，由 2017 年的 80% 提升到 2030 年的 90%，加拿大政府对太阳能光伏产业的支持和鼓励，既可以改善生活环境，又能够提高加拿大人民的健康水平，并造福于子孙后代。

4.3.1.3 德国

德国将太阳能发电作为本国政府缓解能源压力的主要途径，而且在世界范围内，德国的太阳能技术水平和产业发展模式也是全球楷模，众多国家争相效仿，如通过政府采购、资金投入、法规管制等措施支持太阳能光伏技术与市场的发展。德国联邦政府对于太阳能光伏的研发和创新项目投入重金，且实施的太阳能光伏政策、法规都极具前瞻性，且长期持续性远高于同水平发达国家。在政府部门的大力支持和政策扶持下，形成了巨大的太阳能市场和产业，如在 2009 年太阳能装机容量为 3.8 GW，累计装机容量为 9.8 GW，仅德国一国的装机容量就占当年世界装机总量的 50%，或更高。溯源历史，德国在 1991 年颁布了《电力供应法》，1998 年和 2000 年又相继提出“10 万光伏屋顶计划”和《可再生能源法》，2004 年德国对《可再生能源法》予以修正，2014 年 6 月全票通过“德国可再生能源改革计划”。基于上述政策，使光伏市场空前扩大，给德国带来了不可想象的经济效益和环境效益，使德国太阳能光伏市场和产业成为全球最大的光伏基地。

4.3.1.4 西班牙

从西班牙太阳能光伏产业历史进程来看，可谓后发制人。例如在 2006 年，西班牙国内太阳能装机容量仅有 88 MW，2009 年新增安装量也仅有 70 MW。得益于《皇家太阳能计划》，从 2010 年开始，西班牙政府开始效仿德国，除了对本国太阳能光伏企业给予资金补助外，还实施了一系列切实可行的税收优惠政策。2020 年，西班牙太阳能市场以每年 10 亿欧元的速度增长至 20 亿欧元，这凸显了该国太阳能创造商机的潜力。

4.3.1.5 日本

在亚洲各国，如中国、巴基斯坦、印度的太阳能产业发展中，以日本的发展最为迅猛，值得各国关注和研究。

日本推行的太阳能产业政策主要有以下几类：

（1）太阳能光伏补贴政策，其中包括：

1）居民区光伏补贴政策；

2）非住宅光伏补贴政策；

3）光伏新技术试验区补贴政策。

（2）可再生能源比例标准制度。

（3）绿色电力证书制度。

（4）太阳能剩余电力回收政策。

日本政府为了进一步推广太阳能在本国的应用，于 1994 年颁布了宅用太阳能安装补助措施，但该政策并未有效实施。2009 年，日本政府不但恢复了对太阳能光伏产业的补助政策，而且对太阳能组件安装成本予以最高 50% 的资金补贴，并在此基础上，提供一定的低息贷款额度。日本政府在 2010 年出台了《家庭光伏发电补贴法》，该法案对于居民个人使用太阳能者给予极大的优惠，切实利民惠民。截至 2016 年，日本的光伏累计装机容量达到 42.3 GW，而统计核准项目的装机容量约为 80 GW，这也就意味着有将近 40 GW 的光伏项目尚未完工。按 2016 年当年的装机容量 8.6 GW 推算，完成此比例项目需要 4～5 年时间。上述政策极大地激励了企业公司、居民个人使用太阳能光伏系统的热情，使日本成为全球装太阳能光伏组件和设备的领先国家。

4.3.1.6 中国

中国的太阳能光伏产业起步较晚，始于 1973 年，我国政府通过一系列鼓励措施和信贷政策，刺激国内太阳能产业的发展。20 世纪 80 年代后期，众多企业，如秦皇岛华美公司、哈尔滨一科罗拉等龙头企业，从国外引入太阳能组件和生产设备，使国内太阳能生产能力达到 5 MW，预示中国太阳能产业的初步形成。90 年代，国内太阳能光伏企业新旧更替较快，多个企业不断开发、培育、开拓本国太阳能市场。例如无锡尚德，2001 年底已建成 12 MW 多晶硅生产线，整个太阳能光伏产业稳步发展，设备组件装机数逐步增加。2008 年之前，中国对太阳能光伏产业的扶持政策主要处于宏观层面，如 2006 年实施的《中华人民共和国可再生能源法》，2009 年财政部推出的“促进 BIPV（光伏建筑一体化）和光伏屋顶应用”的系列光伏补贴计划，该计划成为国内光伏市场的重要折点。同年 7 月，科学技术部会同国家能源局提出并实施了“金太阳示范工程”，并于 2010 年新增了 272 MW 的太阳能光伏项目，且在全国范围内建立了 13 个光伏发电集中示范工业园区。2012 年，国家能源局公开表示力争国内太阳能使用规模高于 1000 MW/a。

2014 年，新增光伏发电装机 14 GW，其中分布式光伏发电（8 GW）占 60%，2018 年太阳能发电设备装机容量可达 17.5 GW，2024 年分布式光伏发电累计装机达到 3.7 亿千瓦，成为全球最大的太阳能发电市场。

中国在全球光伏发电装机容量上位居前列。根据公开发布的信息，截至 2022 年底，中国的光伏发电装机容量已经达到了 392.4 GW。在发电量方面，中国同样表现出色。2023 年，中国大陆光伏发电量为 5841.50 亿千瓦 · 时，同比增长

36.7%，占全球的比重为35.6%，自2016年开始一直高居世界第一位。

中国拥有众多实力雄厚的光伏发电企业，这些企业在技术研发、生产制造、市场应用等方面都取得了显著成就。例如，在《2024 全球新能源企业 500 强》榜单中，中国占据了60%的份额，共计6家企业跻身前十，其中协鑫集团位列第四、隆基绿能位列第六。此外，还有众多中国光伏企业在全球市场上展现出强大的竞争力，如天合光能、晶澳科技等。

4.3.2　太阳能产业技术发展趋势

除了各国政府的政策、法规和行动计划对太阳能产业的推动，科学技术的进步也是降低太阳能光伏发电成本、促进太阳能产业和市场发展的重要因素，如太阳能吸收转换效率提高1%则组件装机成本下降7%。单晶硅棒作为单晶硅太阳能电池的主要构件单元，其转化效率由1952年的6%提高至2017年的24.9%，如国内商业化太阳能光伏电池的转化效率（相比于20世纪80年代）由10%提升到19%，由于转化效率的增强，国内太阳能组件设备的成本由60～80元/W降至2015年的15～20元/W。经过几十年的投资研究，晶硅太阳能电池几乎拥有90%的太阳能电池市场占有率，但晶硅太阳能电池的发展已经接近其理论极限效率；非晶硅薄膜电池，如碲化镉（CdTe）的转化效率为15.4%、铜铟硒（CIS）的转化效率为19.5%，转化效率都不及晶硅太阳能电池。因此，想让市场成本持续下降，发掘新材料为可行途径。例如钙钛矿薄膜电池，2017年韩国KRICTSeok小组认证小面积钙钛矿太阳能电池的效率为22.7%，超越了现有材料对太阳能的使用效率；2014年Solexel认证的薄膜晶硅太阳能电池21.2%的效率，2015年美国FirstSolar认证的CdTe太阳能电池22.1%的效率，2016年德国ZSW认证CIGS太阳能电池（非聚光）22.6%的效率，2017年日本Fraunhofer—ISE认证多晶硅太阳能电池22.3%的效率，并且钙钛矿太阳能电池的效率纪录依然在高速刷新中，已经完全超过以CIGS/CdTe为代表的第二代太阳能电池的效率纪录，同时也小幅越过了第一代太阳能电池中多晶硅电池的效率纪录，即将迈入23%的效率行列，具备了未来依次挑战CIGS太阳能电池（聚光）/单晶硅太阳能电池（非聚光）25.8%/硅HIT太阳能电池26.6%/单晶硅太阳能电池（聚光）的效率纪录的实力，将来势必会对以单晶硅/多晶硅/薄膜晶硅为代表的第一代太阳能电池阵营形成强有力的冲击和瓦解。综上所述，全球共同努力促使光伏发电材料的更新、成本不断降低的发展道路任重而道远。

4.3.3　太阳能光伏发电成本

根据2011年10月底出台的《太阳能光伏产业“十二五”发展规划》，在“十二五”期间将重点开发、制备非晶与微晶结合的薄膜电池，通过降低硅片厚度减少硅材料消耗，进而降低硅材料太阳能电池的成本。据统计，晶硅太阳能电池占据着光伏市场 90% 以上的份额，具有绝对的市场优势，但目前市面上典型的晶硅太阳能电池厚度约为 180 nm（1980 年的硅片厚度约为 470 nm），需大量使用硅材料，从而导致制作成本居高不下，研制超薄晶硅电池成为主要的技术路线之一。目前，White 等与奥地利开普勒大学合作，利用涂布工艺，开发出了只有普通食品保鲜膜 1/5 厚度的太阳能电池。2018 年，《光学快报》公开了厚度 16 nm 的超薄晶硅太阳能电池，使得电池厚度降低了 90%，使用材料减少了 90%，光电转换率提高至 16.4%，成功解决了超薄晶硅太阳能电池中低吸收、低效率的问题，即硅材料的使用量极大削减，有效降低了硅原料的成本，是技术进步促进成本降低的重要范例之一。然而，2007 年以来，供不应求时多晶硅价格一度飙升到 400 ~ 500 美元/kg，最低时曾降到 5 美元/kg，近期大多在 20 美元/kg 以下，虽然还会有些波动，但基本处于低位的走势已经形成；在光伏组件方面，生产成本从 3 美元/W 减少到 0.37 美元/W；在光伏发电成本方面从 0.5 美元/(kW·h) 降低到 0.1 美元/(kW·h)，距离平价上网只有一步之遥。根据美国能源署（EIA）统计的数据，2012 年美国的光伏组件平均成本 1.15 美元/W（约合人民币 7.31 元/W），到 2016 年平均成本为 0.72 美元/W（约合人民币 4.58 元/W）。光伏成本的下降趋势在 2017 年得到持续：2017 年 1 月第一周单晶硅光伏组件的现货平均价格为 0.72 美元/W（约合人民币 4.58 元/W）；到 2017 年 12 月最后一周，单晶硅光伏组件的现货平均价格为 0.45 美元/W（约合人民币 2.86 元/W）。长远来看，随着科学技术的不断进步，以及常规能源的日益紧缺，太阳能发电的成本将与常规能源成本相近或更低。

4.3.4 太阳能发电规模及寿命

生产规模的有效扩大和自动化程度的稳步提高也是降低太阳能产业成本的重要方面。太阳能电池单厂生产规模已经从 20 世纪 80 年代的 1 ~ 5 MW/a 发展到 90 年代的 5 ~ 30 MW/a 和目前的 50 ~ 500 MW/a，生产成本降低 20%。预计在未来的两年之内，单厂生产能力达到 1 GW/a 的企业将会出现。

通常情况下，太阳能光伏电池组件均会暴露在复杂环境下，时间久了材料就会老化。尽管多数太阳能电池制造商向客户保证产品的最高使用年限为 25 年，但实际并不达标，因此关于太阳能光伏电池组件的寿命考察也是各国研究人员的工作重点，目前可以从有机太阳能的结构改进、材料的选择、电极的改进以及封装材料的选择方面进行改进，以延长电池的使用寿命，这对于推动太阳能光伏产业化具有重大意义。

4.3.5 太阳能光伏产业展望

通过对北美洲、欧洲、亚洲几个典型国家或地区的光伏产业政策的分析，发现各个国家或地区的光伏产业政策极大地促进了本地光伏产业的发展，且政策实施的有效性较强。中国也在技术、经济、法律、市场和研究开发等方面采取了一系列的政策法规和措施来推动光伏产业的发展，并已取得显著成效。然而，国内太阳能光伏产业依然存在需要改进的方向，如国内政策扶持主要集中于生产和投资方面，对于产业研发的投入不足。从南北美洲、欧洲的太阳能产业发展状况可以得出，在太阳能产业发展的初期，政府通过有效配置国家资源、合理给予信贷、税收优惠可以有效地引导太阳能光伏企业的发展和扩大，在太阳能产业发展的中期或后期加大对光伏产业研发的投资力度，并相应地建立国家级的太阳能光伏产业技术研发中心。因此，对于我国政府而言，可在现有的鼓励或奖励政策的基础上，加强科研院所与公司企业的合作，承担核心产业技术研发的工作，并充分利用国外科研资源，鼓励跨国交流和合作。对于全球而言，各国政府应当从战略高度看待新能源发展的历史性机遇，积极吸取各国在太阳能产业发展中获得的经验教训，从各个角度跟踪全球能源动力方面的最新技术成果，加大自主研发能力，促进全球太阳能光伏产业的长期、健康、可持续发展。

4.4　风　　电

风力发电技术，其分布范围广泛、发电成本低廉、全生命周期碳排放量明显低于光伏、水电、核电等其他发电技术，因而成为越来越多国家实现碳中和目标的重要技术支撑。欧盟一直致力于将风电作为该地区的第一大电源，力争 2030 年风电满足欧盟国家 1/3 的电力需求，2050 年满足这些国家一半的电力需求。为了落实碳达峰工作，习近平总书记在气候雄心峰会上宣布“到 2030 年，中国单位国内生产总值二氧化碳排放将比 2005 年下降 65% 以上，非化石能源占一次能源消费比重将达到 25% 左右，森林蓄积量将比 2005 年增加 60 亿立方米，风电、太阳能发电总装机容量将达到 12 亿千瓦以上。”2020 年时任美国总统拜登宣布美国重返《巴黎协议》，并为海上可再生能源开发开放太平洋沿岸的部分地区，计划到 2030 年，美国的海上风电规模将达到 30 GW，这项政策启动了北美海上风电市场，预计可以带动每年 120 亿美元的资本投资，并将创造大量的就业机会。

4.4.1　全球风电产业发展现状

过去 10 年，全球风电市场规模几乎翻了一番。根据全球风能理事会（GWEC）的报告，截至 2020 年底，全球风电累计装机 742.689 GW，其中陆上风电 707.396 GW、海上风电 35.293 GW。风电累计装机规模位列全球前五的国家分别是：中国、美国、德国、印度、西班牙，这五个国家风电装机之和约占全球总风电装机容量的73%。从风电占总电力消费的比重来看，欧洲是全球风电消费比重最高的地区，2020年欧盟27国和英国的风电消费比重约为16%，其中丹麦、爱尔兰、英国、德国、葡萄牙、西班牙分别是48%、38%、27%、27%、24%、22%；美国大约是8.4%，巴西是9.8%，澳大利亚是9.9%。中国的风电消费比重还比较低，仅有6.2%（根据电力生产数据估算，2020年全社会用电量75110亿千瓦·时，全国并网风电发电量4665亿千瓦·时）。

得益于技术的快速发展和规模效应，近年来全球风电度电成本大幅降低，陆上和海上风电成本较10年前分别下降了40%和29%。在许多国家和地区，陆上风电成本已经低于化石燃料发电成本。2020年国际能源署IEA对全球24个国家243个发电场的一项调查显示，全球陆上风电的平准化度电成本LCOE约为50美元/(MW·h)，与其他常见的发电技术相比，具有一定的竞争优势。但不同国家和地区之间的成本差异很大，丹麦是陆上风电成本最低的国家，LCOE为29.18美元/(MW·h)，中国陆上风电LCOE大约是丹麦的一倍。

全球风电产业的蓬勃发展带来了巨大的经济效益和社会效益。尤其是过去10年，中国风电产业迅猛发展创造出大量的就业机会，主要包括风力发电机及相关电气设备的研发、制造与安装，以及风电项目设计、建设与运维。根据全球风能理事会（GWEC）统计，目前全球约有120万人在风电行业工作，其中中国约55万人、巴西26万人、美国11.5万人、印度6.3万人。预计2021—2025年期间，全球风电（包括陆上和海上风电）装机规模将新增470 GW，带来330万个就业机会，其中大部分的就业机会来自中国、美国、印度、德国、英国、巴西、法国、南非等风电市场高速发展的国家。

4.4.2 风电技术创新方向

当前，全球风电技术发展日新月异。一方面，风电技术正在与新一代信息技术、新材料技术交叉融合，引发新一轮科技革命和产业变革，智能制造、智能风机、智慧风电场、风电智慧运维云平台、智慧电网、智能微电网等已由概念逐步变为现实；另一方面，随着全球低碳转型进程的持续加快，漂浮式基础、“风电+”、绿氢技术、能源互联网等一系列新兴技术应运而生。其中，大型风力发电机机组研制、海上施工、海上风电送出、海上风电制氢等前沿技术已经被欧盟各国和英国认为是他们实现碳中和目标的关键技术。

4.4.2.1 下一代风力发电技术

风力发电机发展至今，已有100多年的历史。最早的风力发电机有Brush风力机、Poul laCour风力机、三叶片Smidth风力发电机；20世纪50—60年代出现了中型风力发电机，如Gedser、Hiitter、Best Romani、Enfield；20世纪80—90年代以来，出现了单机容量在 0.5 MW 及以上的大型风力发电机，如 Nibe、Riisager、Tvind 等。目前，风力发电机普遍采用水平轴、三叶片、上风向、管式塔设计形式。时至今日，风力发电技术仍在飞速发展。例如，谷歌设计出长相酷似航模飞机的 Makani 发电风筝，法国 Newwind 公司发明的树形风力发电机，冰岛创业公司 IceWind 研发的小型垂直轴风机，日本工程师清水淳设计的“打蛋器”造型的风机，荷兰 Ewicon 公司设计的无叶片风机，荷兰 Home Energy International 公司研制的球型风机，加拿大 Whalepower 公司设计的类似鲸鳍样式的风机等。

整体来看，大型化一直是风力发电机技术发展的主流。选择单机容量更大的机组，可以极大地提高风能资源利用效率，增加年发电量和发电收益。目前，全球单机容量最大的风电机组是维斯塔斯（Vestas 于 2021 年 2 月推出的一款 15 MW 风机，风轮直径达 236 m（叶片 115.5 m），扫风面积超过 43000 m^2 的风电机组。随着单机容量的增加，叶片长度、机组和叶片质量、塔筒高度也将随之增加，庞大的叶片对变桨系统的驱动装置提出了更高的要求，作用在塔筒上的重力载荷和气动载荷的交变性和时变性更加显著。如何进一步提高机组可靠性、降低机组制造成本，仍然是风力发电技术发展面临的巨大挑战。

首先，叶片是风力发电机的关键部件之一，其尺寸、形状、材料决定了风力发电机机组的性能与发电功率，并且叶片成本也是整机成本的重要组成部分，占整机成本的 20%~30%。根据相关统计，全球三分之一的风电事故中皆因叶片而起。为了制造出更加轻质、更高强度、耐用、经济的叶片，人们不断改进叶片轮廓设计，同时高度关注高性能复合材料的研发，并将其应用于制作风机叶片。例如，真空灌注环氧树脂、高性能天然纤维材料、风电叶片防护涂层材料、自修复复合材料的研发等。

其次，机组的可靠性、维护和机组成本，主要取决于采用的是哪一种发电机技术、变速恒频控制方法和传动系统。从性能方面来说，永磁直驱和半直驱发电系统转子采用永磁体励磁，没有励磁损耗，发电效率较高。从传动系统与维护方面来看，永磁半直驱机组转速介于双馈和直驱机组之间，结合了两者的优势，在满足传动和载荷设计的同时，结构更为紧凑、质量较轻、维护难度较低。从经济性来说，双馈异步和永磁半直驱同步风机系统的成本较低，电励磁直驱同步风机系统的成本最高。

最后，智能转子、柔性塔架技术、3D 打印风机叶片和塔架、海上风机基础设计等一些颠覆性的技术创新，还有新一代风力发电机测试平台、新一代风电场监测与控制系统研发，也是技术发展的重要方向。

4.4.2.2　海上风电技术

海上风电技术被认为是新能源领域中极具开发潜力的技术。与其他可再生能源发电技术相比，海上风电具有诸多优势。

第一，高容量系数。目前新建海上风电项目具有40%～50%的容量系数，远高于陆上风电，大约是光伏发电的2倍，并且海上风电与一些地区的燃气和燃煤电厂的容量系数相匹配。

第二，低间歇性。尽管海上风电输出因风力强度而异，但是海风的波动区间较窄，每小时波动20%左右，而太阳能光伏每小时的波动幅度可高达40%。由于海上风电的高容量系数和低间歇性，使其系统价值与基荷技术相当，因而被一些国家和地区作为一种间歇性基荷技术使用。

第三，海上风电通常靠近电力负荷中心、不占用土地资源。在欧洲、美国东部沿海和中国东部沿海的冬季以及印度的季风季节，海上风电可以产生大量的清洁电力。因而，对于这些地区来说，海上风电、海上风电制氢、与其他能源形式或储能联合发电等新型技术的规模化应用，可能将在能源低碳转型进程中发挥关键作用。

1991年全球第一个海上风电场——Vindeby风电场（11台450 kW机组），位于丹麦Lolland岛附近的低水位海域。经过30年的发展，海上风电技术得到了较大提高，人们可以制造出12 MW的风力发电机用于捕捉风速更高、风力更稳定的海上风能资源，海上风电开发也由过去的近海开发逐步走向深远海开发。相对于陆上风电而言，目前海上风电成本仍然较高。降低海上风电场建设和运营成本，仍然是海上风电技术发展的主要驱动力，前沿技术研发方向主要包括：更大容量的海上风力发电机设计与制造（据彭博新能源预测，到2050年海上风力发电机的单机容量最大将达到35 MW、叶轮直径达到350 m）、创新的风电塔筒研制、以漂浮式基础为代表的新型海上风电基础、标准化的变电站设计和布局方案、全新的海底电缆设计和安装方案等。

以漂浮式基础技术为例，浮式基础由于不受水深限制及能简化机组吊装，从而使开发水深超过50 m海域的风能资源成为可能，因而浮式基础有望成为“改写规则”的技术，甚至是未来的技术主流。全球第一台浮式样机Hywind demo在2009年由原挪威国家石油公司，2018年公司更名为Equinor，安装在离岸10 km、水深200 m的挪威的北海地区，这台2.3 MW样机采用的是单立柱式Spar基础。凭借其在海上油气开发领域的丰富经验，2017年这家公司在苏格兰北海区域建成全球第一个商业化的浮式风电场“Hywind Scotland”，目前，Equinor公司正在挪威的北海区域Snorre和Gullfaks近海建设全球最大的浮式风电场“Hywind Tampen”（总装机容量8 MW），届时将成为全球第一个为海上石油和天然气平台提供动力的漂浮式风电场。截至2020年底，全球已建成漂浮式风电项目，主要分布在英国、日本、葡萄牙、挪威和法国，中国目前还没有已建成的项目。绿能东海、三峡阳江、海装湛江、龙源南日岛四个项目预计将会陆续建成。英国

Carbon Trust 基金会的一份调研报告列出了 13 项浮式基础领域的关键技术，包括支撑平台的主尺度及质量、漂浮式机组安装技术、漂浮式机组新一代控制技术等，其中支撑平台的主尺度和结构质量对项目建设成本的影响最为明显，技术优化的空间最大。

4.4.2.3 “风电 +” 技术

风电与其相关产业的融合创新是未来技术发展的重要方向之一。就技术层面来看，“风电 +” 属于 “uPower to X”（电力多元化转换）中的一类技术，用风电生产低碳气体或液态燃料，从而把难以通过电网调度的 “多余” 电力转换为其他能源商品。其中，电解水制氢是目前应用较广且较成熟的技术之一。利用风电生产出来的氢（氢气、液态氢或者固态氢）属于绿氢，不仅生产过程中不排放二氧化碳，并且还可以利用捕捉到的二氧化碳进一步制成绿色甲醇。风电制氢在一定程度上可以缓解可再生能源消纳问题，同时为风电外送提供一种除特高压之外的新途径。2020 年 2 月，壳牌和荷兰 Gasunie 公司公布了一项建设欧洲最大绿氢项目的计划，计划在荷兰 Eemshaven 港安装一个大型氢电解器，预计到 2040 年可以承接 10 GW 海上风电发电，年绿氢产量达 80 万吨。2020 年 8 月，德国在其北部西海岸启动了一项名为 “Westkuste 100” 的风电制氢项目，该项目计划用绿氢和附近一家水泥厂收集的二氧化碳来生产碳中性合成航空燃料，希望以此探索出一种实现二氧化碳循环利用的可持续性的商业模式。

“风电 +” 面向的不仅是集中开发的陆上风电，还包括发电潜力巨大的海上风电。“能源岛计划” 是一种未来海上能源综合开发构想：它不再像过去那样规划单一的海上风电场，而是通过扩大海上风电规模，并建设人工岛屿将风电场统一连接起来。作为交直流换流器、交流变压器及运维设施所用电缆和平台的公共枢纽，能源岛产生的多余绿色电力可在岛上转化为绿氢，从而使远海风电生产出的电力不再依赖于海缆传输。在欧洲，惠及波罗的海和北海周围各国的能源岛项目已处于设计阶段，如北海 Vind0 岛、波罗的海 Bornholm 岛、北海 TenneT 岛项目。

从更加宽泛的角度来看，“风电 +” 还包括风电与非能源行业之间各种形式的深度融合。其中，海洋牧场与海上风电融合发展，是现代高效农业与新能源产业跨界融合发展的新模式，其基本思路是将鱼类养殖网箱、贝藻养殖筏架固定在风机基础之上，实现海域资源集约化、生态化开发。目前，德国、荷兰、比利时、挪威等国家已陆续开展了海上风电和海水养殖结合的试点研究，成为海上风电和多营养层次海水养殖融合发展的代表案例。

4.4.2.4 并网与集成技术

在全球范围内 “构建以新能源为主体的新型电力系统” 背景下，发电部门将越来越多地依赖各种间歇性电源，如水电、风电和太阳能发电，这对电力系统提出了极大的挑战，需要更加灵活的解决方案以保持电力供需平衡。与此同时，人们的观念也发生着转变：从要求可再生能源适应已建成使用的电力系统，转变为电力系统适应可再生能源。因而，并网与集成技术也是技术创新的重要方向。其中，数字电网、虚拟电厂和储能技术是比较热门的领域。

第一，数字电网。从技术特征来看，数字电网将充分利用小微传感、边缘计算、电力物联网、大数据挖掘等技术，形成具备云-边协同、海量数据处理、数据驱动分析、高度智能化决策等能力的电网平台，数字电网可以全面提升电力系统发、输、变、配、用各环节的运行效率，支撑新能源充分消纳和高效利用。在电力生产侧，数字电网实时监测并且精准预测新能源发电情况，还具备对新能源更加智能的调度决策能力，支撑海量新能源发电设备作为主力电源参与电力系统调控，保证新能源“友好接入”。在电力供给侧，依托数字电网拓展的价值服务体系，可促进电网与上下游产业和用户的灵活互动，推动形成数字电网支撑下的智慧能源价值外延。

第二，虚拟电厂。虚拟电厂通过应用通信技术与智能计量技术，将不同空间的可调负荷、储能、微电网、电动汽车、分布式电源等一种或多种可控资源聚合，实现自主协调优化控制，从而为电网提供源、网、荷、储、售一体化服务。

第三，储能技术。储能技术目前可大规模进行电力储存的是抽水蓄能电站，属于物理储能。近年来，电化学储能技术以其响应速度快、建设周期短、能量转换效率高等优势逐步应用于调峰调频领域，其在电力系统中的应用场景主要包括发电侧、电网侧和用户侧。当前，储能技术的大规模应用还面临多方面的问题，一方面，电化学储能技术存在着成本、安全和环保问题，需要依靠技术进一步发展和完善；另一方面，储能设施的投资回收机制、商业运营模式仍处于探索中。

4.4.2.5　风电运维技术

新一轮信息技术革命同时驱动着风电运维的技术创新，风电运维服务正在变得更加专业、智能和高效。把传感器安装在涡轮机不同的位置，可以得到海量的实时监测数据。然后，通过科学地分析和处理这些数据，进行故障诊断和运行决策。在运维领域，技术创新主要有数据采集、运行数据挖掘、分析与数据可视化和风力涡轮机寿命优化。

4.4.3　海上风电技术

目前我国风电开发仍以陆上风电为主，但海上风电具有资源丰富、发电效率高、距离负荷中心近、土地资源占用小、大规模开发难度低等优势，被广泛认为是发电行业的未来发展方向。

4.4.3.1　海上风电工程优势

海风是由海水和陆地间比热容差异引起的定向运动，当温度突然变化时，因冷热空气密度变化而导致海上气压发生变化，致使空气朝某单一方向流动。我国周围海域处于暖流风带，海上温度变化频率高，空气变化导致的风速高、规律性强、主风向稳定，致使我国周边海域非常适合进行海上风电工程建设。

第一，海上风电是一种应用广泛的可再生清洁能源，适合大规模开发；海上风电工程的建设具有高风速、高功率、高密度、恒风速等特点，海上风机可提供大容量产电、输电并提供稳定电力来源；第二，沿海地区存在大量对电力需求非常大的经济发达城市，在邻近海域建立风电工程、风电项目，可以为高能耗城市提供稳定电力资源，同时降低输电线路建设成本并减少其他非清洁能源发电所带来的污染；第三，海上区域广阔，海上风电项目的风力发电机组、海上升压站等不占用土地资源，不受耕地、林地等方面的限制，较容易开发，未来空间无限广阔。此外，能在风电场海洋间形成人工岛礁，为附着性海洋生物提供生存条件。

4.4.3.2　海上风电技术

海洋工程技术主要由勘探工程、结构工程、岩土工程、施工技术和运维技术组成。在高于 50 m 深的水域，采用固定的基础结构将会带来更高的费用，这是目前技术难以达到的。在海洋风力发电场中，深海漂浮风力发电将是一种新的发展方向。

A　风机技术

当前，海上风机技术正朝着大容量、轻量化、高可靠性方向发展。国外单机最大容量为 14 MW，国内单机最大容量 11 MW。

（1）超长超柔叶片技术。叶片是决定风机产品质量与价格的关键因素，也是决定我国企业技术能力的重要指标。通过调整弯扭耦合的方式，可以达到叶片的自适应卸荷，从而减少叶片的单元长度成本。合理的物料结构可以提高叶片表面的空气阻力和叶片的稳定性能。采用柔性的叶片及气动力配件，可减少叶片的故障危险，保证发电效率。

（2）风机主轴承技术。主轴承是风机的中心，它不但要耐腐蚀、耐潮湿，还要能承受整体的冲击。现阶段，我国主轴承设计还处于薄弱能力短板阶段，部分核心技术仍依赖国际引进，需在下一阶段深入研究整个轴系，研究适于我国周边沿海环境匹配的轴承工艺核心技术。

（3）直驱永磁风力发电机。当前，我国海上风力发电机组包括双馈风机、直驱永磁风机，区别在于不同的发电结构和传动方式。与双馈风机相比，直驱永磁风机具有效率更高、能耗更低、风速限制更小等好处，对我国风电行业技术进步意义重大。然而，由于直驱永磁风机生产成本高、控制难度大、技术不成熟等因素，直驱永磁风机和双馈风机仍会在未来的一段时间并行发展使用。

(4) 新型高效能源转换装置。在单叶片最大风能利用率为 0.48 的情况下，通过风机后的气流速度只降低 20% 左右。大部分的能量都被叶片的外叶展吸附，内部叶片的展能利用率较差，而且具有较高的能量梯级利用价值。串列形式双风机单元具有结构体积小、单元面积密度高、单元面积机位多、总容量大等特点。采用双风轮式风机，具有较大的能量密度和较少的空间，可以有效增加风力的利用率。

B 运维技术

(1) 激光雷达检测技术及实时风速预测。在浮动平台上安装激光测风仪，可以对风力资源进行有效的监测，从而为系统的设计规划和优化提供精确的依据；通过机舱激光雷达完成降荷操作，通过对历史天气资料的统计、预报模式的建立、高准确度实测资料的输入和模拟计算，获得实时的风速预报，为功率预测和海上风能优化管理奠定了基础。

(2) 风电场尾流控制。为了对影响动力耦合进行定量描述，提出了一种基于可控的尾态尾流模型。通过优化问题，减小因尾流效应造成的功耗，从而使整个系统的发电量得到改善。将模式分解与频谱解析相结合，以达到功率协调优化的目的。

(3) 优化风电场调度及控制。考虑到风-浪-流-机复杂耦合效应，对其进行可变描述，并将其与动力参数的相关性进行定量。在风力发电系统多层次结构的基础上，建立风电场协同和最优调度方案，以改善海上风电并网效果。

(4) 设备智能检测及维修。利用智能化的数字化监测技术，构建风力发电系统的大数据云系统，对风机故障、设备检测、风力监测和预报进行实时地更新和分析，通过常规的检修和故障预警检修方式保障机组日常维护工作，及时发现故障并处理，减少故障造成的停机时间。通过对装备情况监测和精确气象预测等数据的分析，对维护车辆和维护人员进行最优配置，以提升维护效能，减少维护费用。

4.4.3.3 海上风电产业现状

A 海上风电资源现状

由于我国海域面积较广，且海岸线较长，因此海上风电项目具备良好的发展优势。据相关资料分析发现，我国深海海洋的风力资源十分丰富，可以利用的能源达到了 30 亿千瓦。在当前新时代下，海上风力发电技术也在不断进步，怎样科学合理利用海上风力发电，促进风能资源的有效利用，进一步推动我国能源结构的良好转型是一个重点内容。

B　海上风电竞争格局

目前，我国的海上风力发电正在朝着规模化开发、单机大型化、方案定制化、离岸远海化、并网柔直化、运维管理智能化、电价平价化方向前进。海上风力发电的整个链条大致可分成三大类：一是基础产品，二是设备制造，三是建造与维护。区域开发格局：截至2021年底，江苏省海上风电累计装机近1200万千瓦，占全国海上风电总装机的43%；广东省紧随其后，海上风电累计装机超650万千瓦，占比24%；位居第三位的是福建省，海上风电累计装机313万千瓦，占比11.3%。企业市场格局：海上风电的建设运维难度大、投资成本高。截至2021年底，参与海上风电开发的企业达28家，其中累计装机规模在百万千瓦以上的企业有国家能源集团、国家电投、华能集团、三峡集团、中广核等7家企业，累计装机容量约占全国总装机的72%。整体竞争格局：我国海上风电整机制造商共13家。截至2021年底，我国海上风电累计吊装容量超百万千瓦的整机企业有上气、明阳、金风、远景、海装和东电，上述企业的海上风电机组吊装容量在国内市场占有率超过97%。

C　海上风电政策现状

目前，我国的海上风力发电投资仍处在一个很高的水平，从2022年起将逐步脱离对政府补助的依赖，步入评估发展的轨道。此外，要想让我国的电力市场得到良性的发展，需要相应的财政投入，以保证海上风力发电项目的稳中求进和高质量发展。在这样的大环境下，我国浙江和山东等地先后相继出台了“省补”政策，使补贴方案实现了因地制宜。

4.4.3.4　海上风电产业未来发展趋势

A　风机大型化是最重要的技术发展方向

单机容量更大的风力发电机组，其至少可在两个方面降低风电场的建设成本，从而使平价时代的海上风电项目得到更好的项目收益率。第一，风电机组单机容量越大，建设同等装机规模风电场所需的风电机组台数将越少，从而降低风电场支撑基础、塔架、电缆线路等投资。同时，在风能资源及土地（海域）资源有限的情况下，采用大容量机组还可减少风电机组点位，节约土地（海域）资源。以100 MW陆上风电场为例，对比使用不同单机容量机组时的项目经济指标来看，采用大容量风机的风电场经济指标明显更高，海上风电场情况和陆地风电场原理类似。第二，风电机组单机容量越大，由于规模效应，单台风电机组所需的铸件、主轴、塔筒等物料用量并不会同比例放大。

风电场采用大容量风电机组后，风电机组的每千瓦生产成本会显著下降，进而降低风电场的建设成本。目前，陆上风机功率已经从2 MW机型逐步攀升至4 MW、5 MW机型。海上风电领域大兆瓦机型发展更加迅速，从4 MW机型快速攀升至 11 MW 机型，海外甚至已出现 16 MW 机型。

此外，其他技术发展方向包括使用更长的叶片、更高的塔筒。同样一台容量为 3 MW 的机组，如果叶片长度增加 5 m，那么扫风面积将提高 0.81 m^2，年发电利用小时数将增加 208 h，相当于投资节省了 0.6 元/W。与此类似，风速和风切变保持不变时，风电机组的塔筒越高，其年发电利用小时数将越高。风切变为 0.13 时，同样一台容量为 3 MW 机组，其塔筒每增高 5 m，年利用小时数将增加 26 h。

B 风电将成为我国可再生能源发展的必然选择

我国海上风能资源丰富，大陆海岸线超过 18000 km，可用海域超过 300×10^4 km^2，近海水深 5 ~ 50 m，可开发资源量总量约 5 亿千瓦；同时考虑到 70 m 以上高度的海上风电技术开发能力的进步及实现，可开发资源将越来越丰富。大容量单体风机，年最大运行小时数可达 4000 h 以上，海上风电效率相较陆地风电年发电效率可提高 20% ~ 40%，发展潜力巨大；由于距离陆地和居住区域较远，所以不会受到城市的规划和干扰，也不用担心噪声和电磁波的干扰。

目前，我国的海上风力发电工程靠近东部发达沿海城市，而陆上风能及太阳能主要来源于我国西北地区，其中北方和西北方大部分地区约 76% 均在使用煤炭资源，西南方地区水力发电占比约 80%，中东部地区负荷需求占总需求的 70% 以上，远离绝大多数能源电力供给源头，最远距离可达 3000 km。根据中国科学院发布的关于研究我国未来电网格局的咨询意见中提到，随着西部工业的发展和东部地区的清洁能源推动，我国东西部能源供需不平衡的问题将得到缓解，发展海上风电能够进一步加快能源结构转型。

在东部沿海地区全面开发海上风电，以减轻“西电东送”通道工程压力；海上风电与“西电东送”以及水力发电可构成季节互补。同时，海上风电开发可以大幅提高可再生能源、清洁能源的占比。党的十九大报告明确指出坚持陆海统筹，加快建设海洋强国。推进发展东部沿海经济，形成海洋经济新增长形态，海上风电发展战略切合海洋经济发展及建设海洋强国战略。

根据我国规划，到 2035 年，全国的海上风力发电能力将达到约 1.3 亿千瓦，相当于目前“西电东送”的能力，这对于推动国家的能源结构转变和发展清洁低碳高效的新型电力系统具有重要的意义。根据规划，预计中东部电力负荷将形成以传统电源、“西电东送”、分布式风电光伏和集中式海上风电的互补业态。

C 海上风电正驶向平价时代

国家发展和改革委员会在 2019 年 5 月份印发了《关于完善风电上网电价政策的通知》(发改价格〔2019〕882 号)，其中将海上风力发电的基准上网电价调整为指导价，新批准的海上风力发电项目全部通过竞争方式确定上网电价，不得高于上述指导价。该文件中清楚地表明，2019 年新批准的海上风力发电价格在 0.8 元/

(kW·h)，2020 年新核准的项目调整为 0.75 元/(kW·h)。另外，从 2021 年开始，地方政府定价管理机构将对新批准（注册）的海上风力发电项目实行上网电价，符合条件的可以采取竞争性配置的办法，上网电价高于当地煤炭发电基准价的，基准价以内的部分由电网企业结算。

2020 年 1 月，财政部、国家发展改革委、国家能源局印发了《关于促进非水可再生能源发电健康发展的若干意见》(财建〔2020〕4 号)，明确指出，新增海洋风力发电项目不再纳入中央财政补助范围，按规定完成核准（备案）并于 2021 年 12 月 31 日前全部机组完成并网的存量海洋风电项目，按相应价格政策纳入中央财政补助范围。也就是说，在 2022 以后新核准的海上风力发电工程项目，将不再被列入到财政补贴，从而使海上风电驶向平价时代。

综上所述，从整个历史进程来看，走向深蓝是我们发展海洋经济、建设海洋强国的必然选择。海上风力发电将伴随着科学技术的发展和社会的发展，将海上光伏发电、海水制氢、海水养殖等新的经济方式结合起来，为我国的工业发展带来新的机遇；同时，也将促进我国的能源结构转变、建设新的电力体系，为“双碳”发展奠定坚实的基础。

4.4.4　促进风电技术创新的行动建议

碳中和启动了一场全球范围内广泛而深刻的经济社会系统性变革，同时也拉开了各国之间在新能源技术、材料、设备、工艺等领域竞赛的序幕。在这场变革中，“谁牵住了科技创新的‘牛鼻子’，谁就能占领先机、赢得优势”。经过 40 年的发展，我国风电产业实现了风电装机量和发电量两个世界第一，形成了较为完备的产业体系，但我国还不是“风电强国”。推动风电产业的技术创新，其根本是营造出良好的创新环境，就此提出以下政策建议。

第一，要创造良好的创新环境。风电发展规划要有全局性、系统性、战略性、长期性的考量，各地区风电产业规划不仅要充分结合本地区资源禀赋、区域特点和行业需求，还要与国家关于现代能源体系的整体设计和碳达峰、碳中和任务的整体部署相协调、相适应。要进一步深化电力市场改革，充分发挥市场在资源配置中的决定性作用，激发市场主体活力；加强各部门间的联动与协调，精简项目开发建设的审批程序；切实落实可再生能源保障性收购和优先上网政策，明确地方政府、电网企业和发电企业在保障可再生能源电力全额上网方面的责权利，通过完善相关法律法规保障可再生能源有效消纳。

第二，产业链上中下游要积极行动起来，提升产业链的凝聚力与协同创新水平。增强产业链上下游企业的黏合度，使创新要素在上、中、下游有序流动与高效配置，鼓励采取研发众包、“互联网 +”平台、大企业内部创业等形式，抱团创新发展；凝聚全行业创新资源和力量，对关键核心技术、共性技术、前瞻性技术和颠覆性技术开展集中攻关、试验示范、推广应用。有条件的企业积极牵头组建联合科研团队，承担国家重大科技项目，参与国家工程技术研究中心、产业联盟及产业基地等技术创新平台建设。

第三，努力构建开放式的创新生态系统，广泛开展能源合作、共同探索能源生产与消费的新模式，为行业高质量发展提供新动能。风电行业应积极与新一代信息技术、装备制造、新材料、石油化工、储能、节能环保等产业优势互补合作发展，促进能源系统的整体优化配置，不断提高全社会能源利用效率；加强在能源贸易、投资、产能、装备、技术、标准等领域的国际合作，推动形成互利共赢的能源合作格局，让共建“一带一路”走深走实。

第四，充分运用财政和金融手段，加大对各类原始创新的支持力度，拓宽风电企业（特别是位于产业链上、中游的企业）融资渠道，依托绿色金融促进风电领域的科技创新。依托碳排放权交易市场，发展基于碳排放权、排污权、节能量（用能权）等各类环境权益的融资工具。对于某些（陆上或者海上）风电大省，鼓励有条件的地方通过专业化绿色担保机制、地方性投融资平台、设立绿色发展基金等手段，搭建风电技术的投融资平台。

第五，重视和加强风电培养和队伍建设，在建设师资队伍、完善专业课程及学位设置方面下功夫，包括从研发、设计、制造、试验到标准、检测认证、质量控制等各环节，为产业可持续发展提供人才保障和专业支撑；鼓励高校和科研院所设立风电相关专业，加强学科建设；强化国家目标、市场需求与学科建设间的联系，依托风电领域重大科研项目，打造产教融合的人才培养模式，使高技能人才培养与项目建设同步。

4.5 核　　能

4.5.1 “双碳”目标下中国能源发展目标

据统计，能源生产和消费是二氧化碳排放的主要来源，贡献了约 70% 的二氧化碳排放，其中煤炭和油气消费是主要来源。

党的十八大以来，中国加快构建清洁低碳、安全高效的现代能源体系，非化石能源在一次能源消费中占比从 2012 年的约 9% 提高至 2019 年的 15%，同期核能占比由 0.8% 提高到约 2.2%。2019 年，中国碳排放强度比 2005 年下降 48.1%，提前超额完成对外承诺目标。

2020 年 9 月，习近平总书记在第七十五届联合国大会一般性辩论上宣布中国的“双碳”目标；12 月，他在气候雄心峰会上进一步宣布，到 2030 年，中国单位国内生产总值二氧化碳排放将比 2005 年下降 65% 以上，非化石能源占一次能源消费比重将达到 25% 左右，森林蓄积量将比 2005 年增加 60 亿立方米，风电、太阳能发电总装机容量将达到12亿千瓦以上。

在“双碳”目标提出以后，多个专家和机构以经济发展、能源转型等方面条件为约束，分析给出至2060年中国能源发展的若干阶段性目标，见表4-1。

表4-1　中国碳达峰、碳中和量化分解目标

各阶段目标	2021—2030年	2031—2040年	2041—2050年	2051—2060年
能源消费目标	“十四五”单位GDP能耗下降13.5%，“十五五”年均下降约2%	达峰后稳中有降，峰值55亿～60亿吨标准煤，能源结构不断优化	2050年预计45亿～50亿吨标准煤	能源消费稳中有降
电力消费目标	2030年能源消费中占比35%～40%	电力消费占比持续提高	2050年能源消费中占比超60%	占比超70%，非化石能源发电量占比超90%
非化石能源目标	2030年在一次能源消费中占比约25%，在电力消费中占比约50%	非化石能源占比持续提高	一次能源消费占比约70%，在电力消费中占比超过80%	一次能源消费占比达到80%以上
碳排放目标	单位GDP碳排放比2005年下降65%～70%；其中“十四五”期间下降18%	2035年以前碳排放达峰后稳中有降，2035年以后下降速度加快	大幅下降，能源产业碳排放量趋近于零	实现碳中和目标

注：个别机构预测结果为25亿吨标准煤，此处采用大多数机构预测结果，通常在45亿～50亿吨标准煤区间。

可以看出，实现“双碳”目标过程中，中国能源结构或将在一个较短的时期内快速调整，碳排放和能源消费先后“双达峰”再逐步加速下降，电力消费占比和非化石能源占比将不断提升，对化石能源的依赖度将较快下降，这意味着非化石能源进入快速发展机遇期。预计在低碳能源替代、区域多能互补、低碳能源多元化利用等方面将有更多发展机会。

4.5.2　中国核能行业发展机遇和目标分析

人类对核能的和平利用始于发电，这也是现今最主要的核能利用形式。根据国际原子能机构有关报告分析，即使从全寿命周期来看，核能单位发电量的温室气体排放也是最小的。

从能源效率的观点来看，能量梯级利用是更为高效的一种方式。2019年，全球共有79座核反应堆（其中部分为多功能）用于海水淡化（10台）、区域供热（56台）和工艺供热（32台），累计有750座反应堆年的安全运行经验。

随着技术的发展，尤其是第四代核能系统技术的逐渐成熟和应用，核能更将超脱出仅仅提供电力的角色，在核能制氢、区域供热、海水淡化等多种非电综合利用领域发挥功能，起到减排降碳、确保能源安全的重要作用。

《“十四五”规划和2035年远景目标纲要》提出，构建现代能源体系作为中国“十四五”阶段重点任务，“安全稳妥推动沿海核电建设”“非化石能源占能源消费总量比重提高到20%左右”“积极有序推进沿海三代核电建设。推动模块式小型堆、60×10^4 kW级商用高温气冷堆、海上浮动式核动力平台等先进堆型示范等，开展山东海阳等核能综合利用示范”，这为中国核能行业近中期发展指明了方向。

4.5.2.1　发电

截至2021年一季度末，全球在运行核电机组444台，装机容量3.94×10^8 kW；在建核电机组53台，装机容量0.57×10^8 kW。2019年全球核能发电量占比约10.4%，在非化石能源中发电量占比约27.8%。在经济总量排名靠前国家中，发达国家核能占一次能源消费比例多年保持在4%~9%（除法国占比高达约40%，德国决定弃核后核能占比明显下降，日本受福岛核事故影响核能占比下降以外）。截至2018年，这些国家的核电发电量占非化石能源发电量比例高达34%~52%。

虽然近十几年来以风电、光伏为代表的新能源快速发展，同时受2011年福岛核事故影响，部分国家调整了核电政策。但统计表明，除中国外，福岛核事故前后年均开工新建核电机组数量相差甚微，可见其受重视程度并未减弱。目前，全球有19个国家正在新建核电机组，约有30个国家正在考虑、计划或启动核能项目，另有约20个国家在某种程度上表达了意愿。

截至2021年一季度末，中国在运核电机组49台，装机容量约5100×10^4 kW；核准在建核电机组17台，装机容量近2000×10^4 kW，在运、在建机组数量分别居世界第三和第一。虽然近年来中国核能产业发展速度较快，但根据公开数据，2019年中国核能一次能源消费占比仅约2%，发电量占比约4.7%，发电量在非化石能源中占比约14%，均远低于发达国家和世界平均水平，未来发展空间很大。

2030年，中国一次能源需求总量将达峰，约55亿吨标准煤，其中非化石能源占比25%，约14亿吨标准煤，电力需求11万亿~13万亿千瓦·时。2050年，一次能源需求总量有所下降，电力需求和非化石能源需求仍将保持增长，这意味着电力结构需持续优化；按一次能源消费总量45亿吨标准煤计算，其中非化石能源消费约31.5亿吨标准煤，电力需求超过16万亿千瓦·时。

保守假设2030年、2050年核电发电量占总发电量比例分别为8%、20%（分别接近目前全球核电发电量平均占比和达到有核电发达国家的核电占比水平），分别为0.96万亿千瓦和3.20万亿千瓦，保守按照年利用小时数7800 h计算，装机规模分别达约1.23亿千瓦和4.10亿千瓦。按照典型三代自主知识产权核电机型华龙一号、国和一号单台功率分别为120万千瓦、150万千瓦，核电建设周期为5年考虑，2020—2025年、2026—2045年分别年均开工建设7～8台、10～12台百万千瓦级三代压水堆机组。

考虑到核电发展现状及各方面基础条件，设定目标是较为现实的，以中国现有能力完全可以实现。此外，未来高温气冷堆、钠冷快堆、模块式小堆等先进核能技术与非电应用将逐步成熟商用，核能规模提升仍有潜力。

4.5.2.2　制氢

氢能是具有发展潜力的二次能源，同时还是钢铁、化工等传统产业的重要原料或还原剂。全球多个国家，特别是美国、日本、法国、韩国等发达国家，已制定氢能发展计划并开展有关工作。

根据氢能行业有关研究报告，2018年中国氢气产量约2100万吨，预计2030年氢气需求将达到3500万吨，2050年接近6000万吨，主要用于交通运输、工业领域、建筑及其他领域。中国政府部门已于2020年出台有关文件提出加快新能源发展，加快制氢加氢设施建设。目前，已有一批制氢和产储运一体化产业链项目获批。

在“双碳”目标约束下，低碳、零碳制氢工艺成为关注焦点。核能制氢主要可采用传统电解水工艺、高温蒸汽电解制氢和硫碘循环工艺制氢三类，有关研究最早始于20世纪60年代。采用传统电解水工艺只需要核电厂产生的电，要与现有成熟技术抗衡，电力成本应足够低。高温蒸汽电解通过固体氧化物电解池，在至少600 ℃的高温条件下制氢，比低温工艺耗能更少、效率更高（超过40%）；高温气冷堆出口温度800～950 ℃，恰好具备同时供电、供高温蒸汽的能力，具有较好的发展前景。硫碘循环工艺也属于热化学工艺，该工艺流程需要硫酸、氢碘酸、碘以及这些物料的混合物参与，对材料抗腐蚀性能要求很高，其中硫酸在400 ℃下沸腾蒸发是腐蚀最严重的工艺步骤；考虑到材料耐久性问题，该工艺尚未实现商业化。

以高温气冷堆为例，经估算，一台60万千瓦高温气冷堆机组可满足180万吨钢产能对氢气、电力及部分氧气的能量需求，对应于每年可减少能源消费约100万吨标准煤，减排约300万吨二氧化碳。目前，位于山东石岛湾的高温气冷堆示范电站已装料，并于2021年底投入商业运行；60万千瓦高温堆项目正在积极推进。

根据前文所述预测目标，保守假设2030年、2050年分别有4%、10%（同年核电发电量占比的一半）制氢产能由核能提供，按照某核能制氢示范装置效率计算，相当于分别约750万千瓦和3200万千瓦热功率。相比于煤制氢，减少二氧化碳排放分别达0.15亿吨/年和0.60亿吨/年。

4.5.2.3　区域供热

核能区域供热是十分具有发展前景的方向。全球许多国家，特别是欧洲国家已有约50年商业化的居民核能供热实践。早在1954年，苏联应用热功率为10 MW的实验供热堆型发展了核能供热技术；随后几十年间，以苏联为代表的一批欧洲国家陆续将运行的商用核反应堆用于供热。

国家统计局数据显示，2019年，中国城市集中供热面积92.51亿平方米，比2011年几乎翻一番，2012—2019年供热面积年均增速超过8%，供热总量也在以超过4%的年增速增长。随着中国乡村振兴与新型城镇化建设推进，还会有更多集中供热需求。

2017年印发的《北方地区冬季清洁取暖规划（2017—2021年）》提出，2021年，北方地区清洁取暖率达到70%；对“2+26”重点城市，2021年城区全部实现清洁取暖，县城和城乡结合部清洁取暖率达到80%以上，农村地区清洁取暖率60%以上；研究探索核能供热，推动现役核电机组向周边供热，安全发展低温泳池堆供暖示范。

中国于1959年开始建造49-2泳池式轻水反应堆；1989年清华大学核能与新能源技术研究院开发出热功率5 MW供热堆型NHR-5，采用“一体化全功率自然循环”模式，具有固有安全性。近年来，清华大学、中核集团等单位又分别开发出NHR200-II低温供热堆、“燕龙”泳池式低温供热堆等堆型，为核能供热技术推广应用打下了基础。2019年11月，山东海阳核能供热项目首次正式商用，抽取少量AP1000机组常规岛蒸汽为70万平方米住宅供热。“开展山东海阳等核能综合利用示范”也被写入“十四五”规划纲要。随着后续项目建成，最终海阳核电站可达到超过2亿平方米的供热能力，供热半径达100 km，每年可节约标准煤约662万吨。

在中国北方的核电基地中，海阳核电、石岛湾核电、红沿河核电、徐大堡核电等均已（考虑）实施热电联供，进行了相应的技术改造或设计，有望于2030年全部实施区域供热，至2050年具备条件的核电基地均可进行热电联供。对于小型低温供热堆各类机型，可待项目成熟后尽快示范、商业推广，“十四五”期间先行示范2~4个机型，此后逐步推广。

当前中国北方地区城乡供热面积总计约200亿平方米，保守假设2030年、2050年分别有4%、10%供热需求由核能提供，按照供热量50 W/m^2 测算，分别相当于0.4亿千瓦和1亿千瓦供热功率。相比燃煤锅炉供热，分别减少二氧化碳排放约0.7亿吨/年和1.7亿吨/年。

4.5.2.4　海水淡化

淡水资源不足是全球很多地区面临的问题。据联合国统计，全球约20%人口无法获得安全饮用水，而且这一比例还在增加。根据世界银行测算，到2025年，将有超过10亿人生活在缺水地区。根据中华人民共和国水利部数据，2030

年中国人均水资源量预计仅有 1750 m^3；在充分考虑节水情况下，用水总量为 7000 亿～8000 亿立方米，要求供水能力比当前增长 1300 亿～2300 亿立方米。

考虑到海水资源量巨大，成本低廉，将海水淡化使用极具发展潜力。目前，大多数海水淡化工艺使用化石燃料，因此也产生了大量碳排放。利用核能淡化海水，占地少、水质好、供给稳定。苏联于 1973 年开始，利用核能技术（快增殖反应堆）进行海水淡化实验，结果证明，在技术和经济效益上皆可行。20 世纪 90 年代以来，核能应用于海水淡化技术得到了国际原子能机构和世界许多国家的广泛重视。

目前较成熟方案是依托大型核电机组建设海水淡化厂，该方案已在中国红沿河、宁德、三门、海阳等多座核电厂采用；也可直接建设低温供热堆用于海水淡化，相关技术方案正在研究中。以红沿河核电海水淡化厂为例，最大产水规模 1.5 万吨/天，正常情况下 1.3 万吨/天，该技术较为成熟，在许多地区具备进一步扩大产能和商业化推广的条件。

此外，随着中国海防建设的需要，如何解决海岛供水安全问题已迫在眉睫。中国存在资源性缺水问题的海岛约占全国海岛总数的 91%，大多远离大陆、分散偏僻，无法引水，面积较小（500 m^2 ～5 km^2 的海岛约占中国海岛总数的 98%），开发本地水资源的能力有限。淡水资源保障是中国大力发展海洋科技的后盾，鉴于此，对滨海核电海水淡化厂、浮动堆海水淡化的需求预计将持续增加。

在国内外一些海岛地区，已有海上浮动核电站的应用实例。2020 年 5 月，俄罗斯建成世界首座浮动核电站"罗蒙诺索夫院士"并投入商业运营，由一艘驳船搭载 2 台 35 MW KLT-40C 核反应堆，为其北极海岸的楚科特卡地区城市提供能源和淡水。

根据上述对用水能力增长的预测目标，综合考虑 2050 年人口变化、人均用水量增加和节水技术进步多重因素作用，保守假设 2030 年、2050 年中国需水量分别为 1300 亿立方米和 2300 亿立方米，核能海水淡化占比分别为 4%、10%（同年核电发电量占比的一半），按能耗 4 kW·h/m^3 测算，即 2030 年、2050 年新增核能淡化能力分别为 52 亿立方米和 230 亿立方米，相当于 270 万千瓦和 1180 万千瓦核电装机，分别减少二氧化碳排放约 0.17 亿吨/年和 0.74 亿吨/年。

4.5.3 核能行业发展路径及有关问题建议

4.5.3.1 "双碳"目标下核能行业发展路径

在"双碳"目标约束下，结合中国核能行业发展现状和有关规划、政策，以下梳理出未来核能技术较为具有发展前景的方向，并尽可能分阶段给出量化目标。

为抓住机遇，实现新一轮高质量发展，核能行业要坚持以安全为前提，扎实推进以下工作。

A　要重塑核能在能源系统中的定位

在能源系统清洁转型过程中，各类能源品种的地位和作用都将转化。核能一方面要扩大电力占比，替代高碳排放能源品种承担基荷角色，主动与风、光、蓄等能源品种互为补充、相互支撑；另一方面要积极改变自身，技术向着灵活化、智慧化方向发展，通过大中小装机配合，地上、地下、水面等多重空间布局，抓住机会开拓制氢、供热等核能综合利用领域市场，确立核能在清洁能源替代中的突出位置。

B　坚持创新驱动发展

虽然几十年来中国核能行业从小到大、从弱到强，积累了大量发展经验，取得了一定成绩，但要在新的能源体系中发挥好作用，还需要不断开展科研创新，牢牢掌握核心技术。美国自20世纪80年代起，很少建设新的核电项目，但一直未停止新技术研发，始终保持强大的基础研究能力。美国的经验值得学习，要进一步优化自主品牌核电技术的设计，提高经济竞争力；对关键核心技术、核心部件和基础材料仍需加大攻关；小型堆研发要尽快走出“大堆小型化”的局限，探索实现固有安全、高度智能、极度简化、工厂预制、模块配置等特性；对于第四代各种堆型应分层次开展研发示范工作，形成梯次推进的技术布局；面向长远，加强对基础性、原创性科技创新的投入，形成持续、稳定的投入机制。

C　坚持全产业链协同推进，与经济社会发展相协调

核能行业在新领域探索发展过程中要充分考虑到扶植培育整个产业链，打下扎实的发展基础，营造良好的市场环境，避免诸如核电越建越贵、关键技术部件受制于人的被动局面。贯彻“创新、协调、绿色、开放、共享”五大发展理念，让核能成为经济上有优势、对社会有助益、发展成果可共享的绿色产业。同时，要把握“双循环”新发展格局，在全球新一轮核能发展中占据主动地位。

4.5.3.2　需要关注问题和建议

A　安全和公众接受性问题

核安全是国家安全的重要组成部分，安全是核能行业发展的前提和生命线。2011年日本福岛核事故发生后，世界各国汲取事故教训，积极采取措施提升安全性，重建发展信心。随着中国发展进入新时代，党和国家对确保核安全的要求更严、标准更高，人民群众对核安全的关注更多、期待更高。只有解决安全性问题，公众对核能的接受度才能提高，行业发展才有更大空间。因此，面向“双碳”目标，核能行业要在可能影响安全与公众接受性的环节下大力气，为规模发展奠定基础。

B　核能经济性问题

据国际可再生能源际署统计，2010年以来，太阳能光伏、聚光太阳能、电

池储能、陆上风电和海上风电等新能源技术成本分别下降 82%、47%、71%、38%和 29%，在第三代核电安全性要求提高、新建项目成本不断攀升的背景下，核能技术发展压力很大。以核能制氢技术为例，现有技术电解 1 m^3 氢气需要 5 kW·h 电能，未来可以下降到 2.8 kW·h；当用电成本下降到 0.15 元/(kW·h)以下时，电解水制氢成本可以和既有供氢技术竞争。目前国内核电上网电价大多在 0.4 元/(kW·h)以上，因此如何通过技术改进和创新降低核电成本，成为一个关键问题。

C　在未来能源体系中的灵活性问题

中国资源禀赋和用能负荷不均衡，加之新能源的时空不匹配，预计下一步新能源的波动性和间歇性将给电网运行带来巨大影响。此外，根据国网能源研究院预测，在用户端将更加明显地呈现夏季、冬日负荷“双峰”特点。在传统情况下，核电一般以带基荷运行为主，不参与电网调峰；在新的发展阶段，核电灵活性不足问题将显现，或面临更频繁的调峰压力。根据有关研究，随着核电参与调峰深度的加深，电力系统运行成本和单位发电量成本都将显著提高。广泛开发核能多功能利用或配备储能，对于弥补核能调峰深度受限问题、增加核能系统灵活性意义重大，还可能避免因大型核电机组频繁参与调峰带来的经济性和安全性挑战。当前储能技术中，抽水蓄能较为成熟，相比于化学储能大多在 0.6～0.8 元/(kW·h)的度电成本，抽水蓄能度电成本较低［0.21～0.25 元/(kW·h)］。下一步，探索核能参与“多能互补”电源基地，加强“源网荷储”互动是重要研究方向。

4.6 热　泵

在全球终端能源消费量中，供热和制冷能源消费量约占 50%，是非常重要的终端能源需求，也是实现“碳中和”目标需要关注的重点领域。

热泵是通过消耗能源做功，把处在较低温度下的热量提升到较高的温度水平下释放出来，以满足热量的使用要求。热泵技术可广泛应用于建筑供暖、生活热水、工业干燥、温室养殖等领域，它是 21 世纪全球最具价值的节能减碳技术之一，产业发展前景非常广阔。近年来，在我国清洁取暖政策的驱动下，热泵供暖技术在我国北方农村地区得到迅速发展。随着人民生活水平的持续提高，广大长江流域地区冬季取暖的市场潜力正在快速释放，作为分散式家庭取暖的优选技术，热泵供暖也得到了迅速发展。作为有效利用可再生能源的技术措施，热泵将是我国供热领域低碳转型的必选技术。除了清洁取暖中热泵发挥替代作用外，在生活热水、工业干燥等领域也可进一步扩大其应用范围，技术进步有望推动我国热泵产业实现千亿元规模的突破，为实现我国“碳达峰、碳中和”目标发挥重要作用。

4.6.1 热泵供热技术展望

热泵供热是提升供热电气化水平，也是最现实的技术。

全球热泵市场正在持续增长，将是未来增长最快的供热技术，也是各国支撑节能减碳的关键技术。目前，热泵满足着全球将近5%的供热需求。2019年，全球近2000万家庭购买了热泵，而2010年购买热泵的家庭数量仅为1400万个。在欧洲，热泵的销售量在短短两年内增长了25%，其中空气源热泵的销量较高。在德国等国家，新建建筑中热泵供热面积已持续超过燃气供热面积。根据国际能源署预测，到2050年全球实现“净零”排放情景下，到2030年、2050年，热泵占供暖需求的份额将分别达20%、55%，安装的热泵数量将分别达6亿台、18亿台。目前，我国热泵产业发展规模和应用面积位居世界首位，尤其是空气源热泵市场应用规模已超过全球的一半，已从跟随者变成了引领者。

在全球热力消费中，工业部门占比约50%，建筑部门占比约46%，农业部分占比约4%。我国热力消费主要集中在工业和民用采暖两大市场。目前，工业部门是我国主要的热力消费部门，热力需求约占全国热力需求的70%。在化工、造纸、制药、纺织和有色金属冶炼等行业的工业生产过程中，需要消耗大量热力。除了一些大型工业企业由自备热电厂供热外，大部分工业企业由锅炉供热。建筑部门居民生活用热是热力需求的另一个方面，主要用于房间采暖和生活热水，其中房间采暖是主要热力消费领域。目前，我国北方城镇建筑约有152亿平方米需要冬季供暖，随着城镇化进一步发展和居民对建筑环境要求的不断提高，未来我国北方城镇建筑冬季供暖面积预计将达到200亿平方米。此外，北方地区尚有70亿平方米的农村建筑也有采暖需求。

目前，我国北方城镇采暖建筑的冬季平均耗能量为0.3 GJ/m^2，这就需要每年45亿吉焦的热量来满足供暖需求。北方城镇地区，主要通过热电联产、大型区域锅炉房等集中供暖设施满足供暖需求。集中供暖尚未覆盖的区域以燃煤小锅炉、天然气、电、可再生能源等分散供暖作为补充。近年来，通过清洁取暖行动，北方地区清洁供暖热源基本形成了以超低排放燃煤热电联产为主、天然气供暖为辅，其他热源补充的格局。其中，热电联产约占50%，各种规模的燃煤燃气锅炉约占40%，只有10%是通过不同的电驱动热泵从空气、污水、地下水及地下土壤等各种低品位热源提取热量来满足供暖需求。2019年，我国北方城镇建筑供暖能耗达2.13亿吨标准煤，占全国建筑总能耗的20%；北方城镇建筑供暖二氧化碳排放5.5亿吨，占全国建筑运行的化石能源消耗相关二氧化碳排放总量的26%。

除了北方采暖外，广大夏热冬冷地区不在我国传统的集中供暖范围内，但是该地区日最低气温低于5 ℃的时长达两个多月，长期以来“冬冷”问题没有得到根本的解决。该地区居民要求采暖的呼声日益高涨，冬季供暖市场潜力正在快速释放。该地区采暖能耗从2001年的不到200万吨标准煤增长到2019年的3380万吨标准煤左右，年均增速约17%，“十三五”期间，年均增速进一步升至20%。截至2019年底，夏热冬冷地区城镇住宅建筑面积约70亿平方米、农村建筑面积约90亿平方米。未来该地区住宅建筑面积和采暖能耗强度还将进一步增长，从而引起采暖能耗的大幅攀升。

从生活热水看，我国城镇已基本达到了普及状态，除少数使用太阳能制备生活热水外，燃气热水器和电驱动制备生活热水大致各占一半。目前，全国制备生活热水造成全年二氧化碳排放约0.8亿吨，接近全国碳排放总量的1%。随着生活水平的提高，居民对生活热水的需求还将持续增长，热泵制备生活热水将是替代燃气热水器的主要途径。

在“碳达峰、碳中和”目标下，需要更快节奏、更大力度地推进建筑用能低碳化，提升电气化水平是推动建筑领域绿色低碳发展的关键路径。与化石燃料供热方案相比，热泵供热产生的二氧化碳排放量明显降低，更加节能环保。热泵的电热转化效率全年可达到300%以上，而锅炉的热效率不会超过100%。对分散采暖的家庭，比较适合采用热泵供热技术。随着建筑节能标准的持续提升，未来超低能耗建筑和近零能耗建筑将大规模推广，从而大幅降低此类建筑的采暖负荷，不再需要传统的集中供热管网供热，仅用热泵供热技术进行少量补热即可满足冬季采暖需求。热泵技术在供热领域的大规模应用，可以显著提升供热电气化水平，加速供热系统清洁低碳发展。

4.6.2 热泵系统的多样形式

热泵系统有多种形式，根据热源不同，可分为地下水源热泵、地表水源热泵、土壤源热泵、污水源热泵、中深层地热源热泵、空气源热泵等。热泵的驱动方式主要有电动机驱动和热驱动两种，目前各种规模热泵供暖多以电驱动为主。热泵供暖是否节能，取决于实际工程条件、地理和气象状况，以及设计安装和运行管理水平，必须因地制宜，在合适场合、适当条件下使用热泵，才能获得真正的节能效果。

4.6.2.1 地源热泵

地源热泵是利用浅层地热能源（包括地下水、土壤或地表水等的能量），既可以供热又可以制冷的高效节能系统。地下水温常年基本恒定，夏季比室外空气温度低，冬季比室外空气温度高，且具有较大的热容量，系统效率高。地表水源热泵系统利用的是地球表面水源，如河流、湖泊或水池中的低温低位热能资源，根据传热介质是否与大气相通，可分为开式系统和闭式系统。土壤源热泵系统是在地下埋入大量的换热用塑料管，循环水经过这些地下埋管与地下土壤进行热交换，以提取地下土壤中的热量作为热泵的低温热源。由于土壤温度具有较恒定的特性，使得土壤源热泵机组运行相对稳定、可靠，冬季蒸发器无结霜问题。土壤源热泵系统的热效率（COP）一般为 3.5%~5%，相对较高。相比空气源和水源热泵，地源热泵适应区域范围最广，基本不受地域限制，只要有足够的地下空间便可使用。目前，我国北方地区地源热泵供热面积已超过 1.5 亿平方米，在江苏、湖北、上海等地区也有一定规模的应用，我国主要城市浅层地热能年可采资源量折合 7 亿吨标准煤，可满足 320 亿平方米建筑的供暖（制冷）需求。黄淮海平原和长江中下游平原地区比较适宜浅层地热能的开发利用。

4.6.2.2 污水源热泵

污水源热泵系统是以生活污水中的热量作为热泵的低温热源，适用于污水源资源较多的城区。从民用建筑排出的生活污水在冬季温度一般可达 20 ℃左右，高于地下水温度，是很好的热源。当建筑周围有污水大干管时，有可能利用原生污水（即使没有处理、直接排出的污水）作为低温热源，获得较好的热泵系统能耗性能。采用污水源热泵系统，规划上需要科学统筹、合理布置污水源热泵装置，技术上需要注意污浊物污染腐蚀和堵塞取热换热器的问题。

4.6.2.3 中深层地热源热泵

中深层地热源热泵系统由中深层地热能密闭取热孔、热源侧水系统、热泵机组和用户侧水系统组成。与常规地源热泵系统相比，主要区别在于，通常采用套管结构的中深层地热能换热装置，从地下 2000~3000 m、温度 70~100 ℃的岩石中提取地热能作为低温热源，地热能换热装置冬季出水温度可以稳定在 30 ℃以上。中深层地热源热泵采暖技术要求地下取水做到 100% 回灌，主要适用于地热资源条件良好、冬季寒冷有供热需求或夏季炎热有制冷需求的地区；用于居住建筑采暖时，夏季无需向地下补热，室内末端可以有多种方式，其中搭配地板辐射采暖较好。中深层地热能供暖应用技术已经基本成熟，国内北方地区中深层地热供热面积已超过 1 亿平方米，主要分布在河北、天津、河南、山东等地。中深层地热能供暖安全性高、单位运行成本低、低碳、环保、清洁、舒适，但是建设投资大、选址受地域条件影响、回灌困难，影响地热资源的可持续开发利用。夏热冬冷地区，不鼓励大规模开发中深层地热能供暖，但在地热资源条件较好、供热需求较大、经济承受能力较强的前提下，可以开发中深层地热能供暖项目。

4.6.2.4 空气源热泵

空气源热泵是从室外空气中提取热量，通过风机驱动室外空气流过安装在室外的采热装置（热泵的蒸发器），获取室外空气中的热量，再经室内换热器（热泵的冷凝器）制取热水或热风，提供给用户用于房间供热。按得热介质的不同，空气源热泵又可分为空气/空气热泵和空气/水热泵。空气/空气热泵，其冷凝器中释放的热量用于产热风，供房间采暖。空气/水热泵，其冷凝器中释放的热量用于产热水，热水再通过风机盘管等末端供房间采暖。空气源热泵采暖的室内末端有多种方式，包括地板辐射采暖、直接送热风采暖等。空气源热泵居住建筑、公共建筑均可使用，既可分户使用又可集中使用。对于超低能耗建筑，不需要集中供热，使用小型空气源热泵进行补热就能满足采暖需求。空气源热泵采暖能耗仅为直接电热采暖能耗的1/3，其与传统的分体空调原理一样，但性能不同。传统的分体空调以满足夏季制冷工况性能要求为主，兼顾冬季供热功能，当室外环境温度偏低时不能高效运行，而空气源热泵以满足冬季供热工况性能要求为主，环境温度适应性、系统效率更好。

空气源热泵热风机是我国近年来在市场需求驱动下迅速发展的新技术，处于国际领先地位。通过新的压缩机技术、变频技术和新的系统形式，它可以把空气源热泵热风机的适用范围扩展到 -30 ℃的室外低温环境地区，与一般的冷暖空调产品相比，低温环境下的制热能力提高50%～100%、能效提高约20%，并能迅速提高室内温度，目前市场保有量已达百万台。空气源热泵热风机无需加装散热器、地暖等采暖末端，避免了热水热泵采暖工程中可能出现的跑冒滴漏隐患，户内多台热泵热风机可独立控制、独立运行，同时出现故障的概率较低，使用维护方便。目前，空气源热泵热风机市场售价约每台4500元，两台空气源热泵热风机即可满足100 m^2 建筑采暖需求。

空气源热泵热水机是另一种空气源热泵采暖设备，目前可以实现在 -20 ℃的环境温度下正常工作，提供30～50 ℃的供暖热水，与地板辐射盘管或散热器组成采暖系统为住户供暖，提供稳定的室温，舒适性较好；在供水温度不是特别高时，与空气源热泵热风机的COP基本相当。空气源热泵热水机适合“全时间、全空间”的采暖模式，采暖的舒适度较好，由于难以实现随时启停和部分房间采暖调控，导致采暖房间整个冬季都在采暖，实际能耗有可能达到空气源热泵热风机能耗的2倍以上。

4.6.3 热泵供热市场前景

我国分散式采暖市场主要分布在北方城镇集中供热系统不能覆盖的建筑，包括北方农宅、超低能耗建筑以及长江流域需要采暖的居住建筑等地方。空气源热泵对夏热冬冷、寒冷、严寒地区的居住建筑和公共建筑基本都适用。

在北方农村地区，若选用高效的空气源热泵替代低效散煤炉或直接电采暖，将带来巨大的市场潜力，仅黄河流域就有约5000万个农户，存在1亿～1.5亿台的空气源热泵市场需求。在大规模推广空气源热泵设备后，还可以采用单台设备的无线通信和区域联控技术，通过分时分区域控制一定数量的热泵设备启动、停止，实现对本地区电网主动有效的削峰填谷，更有助于区域电力系统的安全、稳定、高效运行。

根据低温空气源热泵设备在北京农宅“煤改电”清洁取暖的实践案例数据，采用空气源热泵替代散煤炉采暖系统，根据建筑保温状况不同，单位面积供暖季电耗仅为 20～40 kW·h/m^2，相当于 7～13 kg 标准煤/m^2，仅为采用散煤土暖气能耗的 1/2，为直接电热取暖能耗的 1/3。

根据清华大学建筑节能研究中心对北京农宅不同采暖系统的示范和跟踪测试数据，低温空气源热泵热风机、低温空气源热泵热水机的单位采暖面积 CO_2 排放量分别约为 14.6 kg/m^2、33.8 kg/m^2，比散煤炉采暖系统的 CO_2 排放量 148.8 kg/m^2 分别减少 90%、77%。

根据《北方地区冬季清洁取暖规划（2017—2021)》，2021 年电取暖（含热泵）面积要达到 15 亿平方米。其中，城镇建筑电取暖 10 亿平方米、农村建筑 5 亿平方米。如果农村建筑 5 亿平方米（相当于 500 万户）都采用空气源热泵采暖，其平均电耗强度按 10 kg 标准煤/(m^2·a)估算，则可比散煤土暖气节能 500 万吨标准煤、减少 CO_2 排放量 5750 万吨以上。如果后续进一步扩大空气源热泵采暖户数，节能减碳潜力还将更加显著。2019 年，我国北方农村供热建筑面积达 70 亿平方米，若清洁取暖率按 50% 估计，未来还有 35 亿平方米（相当于 3500 万户）农村建筑需要进行清洁供热改造。假设未来其中的 20 亿平方米北方农村建筑采用空气源热泵采暖，可带来约 4000 万台空气源热泵市场需求，并要比直接电加热采暖节省采暖能耗（等价值）2008 万吨标准煤、减少 CO_2 排放量 4736 万吨。

在夏热冬冷地区，存在潜在采暖需求的建筑面积约 180 多亿平方米，其中：城镇居住建筑 70 亿平方米、公共建筑 23 亿平方米、农村建筑 90 亿平方米。随着城镇化进一步发展和人民收入水平的提高，未来需要采暖的建筑面积还将进一步增长。该地区冬季寒冷时间较短，取暖需求具有间歇式、局部型特征，不需要全天候、全空间进行持续供暖，因此不宜采用类似北方的集中采暖方式，可采用独立可调的空气源热泵采暖、燃气壁挂炉采暖等分散采暖方式。同时，考虑燃气采暖成本较高、气源紧张等因素，尤其为了尽早实现“碳达峰”，应倡导开展电能替代，减少用户对天然气等化石能源的消耗，空气源热泵采暖应是主导的分散采暖方式。预计未来 10 年，夏热冬冷地区供暖市场仅热泵采暖设备市场需求可达 1 亿台，市场规模 4500 亿元。假设未来其中的 60 亿平方米城镇居住建筑采用空气源热泵技术进行采暖，每个采暖季的电耗 6～8 kW·h/m^2（折合 2～3 kg 标准煤/m^2）估算，则要比直接电加热采暖节省采暖能耗（等价值）2570 万吨标准煤、减少 CO_2 排放量 4973 万吨。

4.6.4 热泵产业发展面临的问题和挑战

近年来，在国家清洁取暖政策支持下，热泵产品尤其是空气源热泵，迎来了爆发式增长时期。2017 年，空气源热泵全年销售额 185 亿元、销售量 182.4 万台，同比增长高达 58.9%，其中内销同比增长 64.3%、外销同比增长 12.8%。2018—2020 年，其年销售量稍有下降，2020 年其全国销售量达 141.5 万台。截至 2019 年底，空气源热泵的建筑应用面积已超过 5 亿平方米。从区域分布来看，华北、西北等地区冬季采暖是其开发的重点区域，热泵热水产品在长江流域及长江以南地区推广增长较快。然而，热泵产业发展也面临一些问题和挑战，包括热泵技术、非二氧化碳温室气体排放、工程质量监管、核算统计等。

第一，在热泵技术方面，还可以有更大的发展空间、更好的应用性能。一是需要进一步改善环境及应用适应性，重点是提高空气源热泵低温供热性能和扩大热泵高温供热应用。热泵的性能系数往往随蒸发温度的升高而增大，空气源热泵受室外环境温度的影响较大，当室外环境温度过低且空气湿度较大时，空气源热泵蒸发器结霜严重，热泵系统需频繁除霜，从而有可能影响系统正常运行。提升空气源热泵低温供热性能研究，需要研究适宜的压缩机、热泵控制、除霜、防冻等技术措施。扩大热泵高温应用研究，需要提升供热温度至 100 ~ 200 ℃ 范围，以便适应更广领域的工业应用前景；研发工作介质和部件，以满足高温高压工作条件下的安全性和经济性；响应不同工艺用热需求特性，优化热泵应用策略。由于热泵机组全年运行工况变化范围较大，对热泵机组运行的环境适应性要求较高，如何确保变工况下热泵机组的性能稳定及提高热泵机组使用寿命有待深入研究。二是增加可再生能源的利用，比如发展中深层埋管地源热泵技术，可以高效利用地热能进行供暖。三是开发复合集成高效热泵技术产品，以便适应多样性发展的需求。

第二，在热泵工质方面，目前热泵及制冷设备的制冷剂，无论 HFC 类（如 R134a、R125、R32 和 R143a）还是混合物制冷剂（如 R404A、R507A、R407 系列、R410A 和 R417A），其性能均有待进一步提高。现有热泵及空调制冷产品存量制冷剂的二氧化碳当量达 20.9 亿吨，到 2050 年非二氧化碳温室气体排放可能仍超过 10 亿吨二氧化碳当量。未来需要加强对热泵及空调制冷产品回收处置的监管，规范废旧热泵及空调制冷产品和制冷剂的回收、拆解和再利用。

第三，在热泵应用推广方面，技术支撑不足。热泵供暖技术要取得理想的节能效果，必须因地制宜，结合当地气候条件、资源禀赋、经济条件和用户采暖需求特点等，选择适宜的热泵采暖技术方式。热泵供暖系统的正常运行需要在设备选型、工程安装、调试运行、售后维护等环节做好技术支撑。热泵行业的广阔前景吸引了大量企业一哄而上，但是热泵产品和工程质量良莠不齐，技术服务体系不完善，存在热泵设备安装运行不合理，导致使用效果不佳的现象，影响热泵供暖技术推广，市场监管有待进一步强化。

此外，推动可再生能源建筑大规模的应用，提高可再生能源替代常规化石能源的比例，是促进建筑低碳转型的重要路径。然而，我国可再生能源统计范畴中还没有明确把热泵系统（包括地源、水源、空气源）纳入其中，缺乏明确的核算统计方法，不能准确体现通过热泵技术利用的可再生能源量，容易导致低估热泵对可再生能源供热量的贡献，影响热泵产业的健康发展。

4.6.5 “碳中和”目标下的欧洲热泵政策

4.6.5.1 欧盟层面政策

欧盟委员会通过了一揽子提案，包括欧盟的气候、能源、土地使用、运输和税收政策，目的是2030年将温室气体净排放量与1990年的水平相比至少减少55%，到2050年实现欧洲碳中和。该提案计划包括新建建筑近零能耗，再生能源利用提升（在供暖制冷每年增加1.1%），建筑翻新降耗等。

4.6.5.2 法国政策

MaPrimeRénov 的税收减免政策根据家庭收入、产生的能源节约进行评估。从2021年开始，MaPrimeRénov 向所有家庭、房东和共有公寓的房主开放。

A　申请资格

房主：前提是该房产是他们的主要住所，并且该房产是两年前建造的。第二套房子不符合条件。

房东：必须在收到补助金后不迟于6个月内将该物业作为主要住宅出租至少5年，且现有租户的租金不得因工程而增加。房东还需要考虑，作为 Habiter Mieux/Habiter Serein 赠款计划下的替代赠款。

共同所有权属性：也有资格居住在共同所有权性质（业主 copropriétaires），其中授权通过管理代理。无论共同所有者（居住者和房东）的个人财务状况如何，都可以获得帮助。要符合资格，共有人必须开展至少节能35%的改造工程，并且工程必须基本上由至少75%主要住宅组成。

B　政策变化

CEE 计划已于2021年7月1日取消，申请要求为房屋必须已建造超过两年，实现至少55%的节能。建筑能效达F或G等级，可获得 bonus sortie de passoire 额外奖励，建筑到B或A能效等级可获 Bâtiment Basse Consommation 额外奖励。

4.6.5.3 意大利政策

（1）Ecobonus 2021 政策：与建筑物的能源重新认证、更换旧的冬季空调和热水器系统或安装太阳能热系统有关。对购买绿色系统（热泵）的个人进行所得税减免65%热泵费用，安装系统的性能系数（COP，EER）至少等于相关最小值。生产、生活热水的热泵热水器取代传统热水器，COP>2.6。

（2）Superbonus 110%政策：能源再开发110%费用扣除，制造商需负责提供有关市场上热泵是否符合限值的适当证明。热泵必须符合一系列技术参数，特别是性能系数和能效指标，数值必须等于或大于法律规定的最小值（标准DM 6/08/2020）。如果热泵配备了用于改变压缩机速度的逆变器（变频器），最低限制要求降低5%。

（3）时间要求：必须在2021年12月31日之前进行（对于获得110%扣减的干预，可延长至2022年6月30日），并在不迟于工程结束后90天内向ENEA发送一份具体报告。

（4）政策影响：2021年12月后，Ecobonus 2021被Superbonus 110%政策替代，对于公寓、工厂资助变少，对于能效限制未发生改变。

4.6.5.4 德国政策

德国高效建筑补贴（BEG）：建筑翻新可以获得部分债务减免的赠款或贷款，资助金额为35%，并可以通过各种奖金增加到50%。

时间要求：必须在2023年1月1日之前改装能耗计量和计量电表，以便记录核查电量消耗和所有产生的热量。

适用情况：个人计划部分，如果在至少五年房龄的现有建筑中安装热泵，他们可以获得有吸引力的资金。其中，金额取决于旧供暖的类型，补贴比例介于35%~50%之间。热泵的BEG补贴几乎适用于安装新供暖系统产生的所有费用，这包括拆除和处置旧系统或安装新加热面的费用。住宅建筑中每栋住宅单元最高60000欧元，非住宅建筑中每栋建筑每平方米净建筑面积最高1000欧元（最高1500万欧元）。

热泵能效要求：对于加热输出不大于12 kW的空气/空气热泵，要求季节性空间加热效率$\eta_s>181\%$。所有超过12 kW的空气/空气热泵必须达到季节性空间加热效率$\eta_s>150\%$。

4.6.5.5 英国政策

英国提出了到2050年实现净零排放的目标，这一计划涵盖英格兰、苏格兰和威尔士经济的所有领域。当前，英国各地都做出了一定程度的行动，为实现净零经济的关键支柱所需要的政策已在积极制订或正在发展中。这些包括低碳电力供应（到2050年需要翻两番）、高效和低碳建筑供暖、电动汽车、CCUS技术和低碳氢、停止可生物降解的垃圾填埋场，逐步淘汰的氟化气体，增加植树，在农场实施减少排放的措施。

(1) 政策一：RHI（可再生热激励计划），根据每年的热量需求赚取7年的年度付款。

补贴金额：7年内赚取高达28000英镑的收入。

时间：截止到2022年3月。

(2) 政策二：Clean Heat Grant 2022政策，旨在帮助现有的小型家庭建筑过渡到低碳供暖系统。

时间：该计划于2022年4月生效，取代现有可再生热激励计划（RHI）。

覆盖范围：从2022年4月开始运行3年，总预算4.5亿英镑，90000户家庭将能够从Clean Heat Grant中申请5000英镑。

申请要求：房产必须是现有建筑或定制建筑，并至少提供一份来自认证安装商的报价，才有资格获得补助金。

酒店（公寓）必须提供有效的能源性能证书（EPC）。EPC通过在A（非常高效）到G（效率最低）评级来说明建筑物的能源效率，这有助于了解该物业释放的碳排放量以及为建筑物供暖的成本。

不需要EPC的建筑：宗教场所、使用时间不超过2年的临时建筑、总使用面积小于50 m^2 的单幢式建筑、不消耗大量能源的工业场地、车间和非住宅农业建筑、一些即将拆除的建筑物、每年出租少于4个月或根据许可证出租的度假住宿、拟每年使用少于4个月的住宅楼。

欧盟主要国家推进建筑节能立法，给予热泵补贴，引导热泵使用。政策主要引导热泵提高能效值、建筑翻新提升建筑能效水平，逐步实现净零建筑目标，最终实现碳中和。

出口欧洲的热泵厂家需要紧跟政策，推行建筑改造焕新系列热泵机组，抓住欧盟各国尚有热泵补贴机会，开发高能效机组获得补贴。

出口热泵厂家亦需深入研究低碳技术趋势，为未来碳中和政策变化做足准备。

4.7 储能技术

4.7.1 储能技术分类

4.7.1.1 机械储能

A 抽水蓄能

原理：利用电力负荷低谷时的电能将水抽到高处水库，在用电高峰时放水发电。

特点：技术成熟、容量大（吉瓦级）、寿命长（50年以上），但依赖地理条件，建设周期长。

代表项目：中国河北丰宁抽水蓄能电站（全球最大，装机容量 3.6 GW）。

B　压缩空气储能（CAES）

原理：压缩空气并存储于地下洞穴或储气罐，释能时加热膨胀驱动涡轮发电。

特点：适合大规模储能（100 MW 以上），新型系统（如先进绝热 CAES）效率可达 70%。

代表技术：江苏金坛盐穴压缩空气储能国家示范项目（60 MW/300 MW·h）。

C　飞轮储能

原理：通过高速旋转的飞轮将电能转化为动能存储，放电时动能再转化为电能。

特点：响应快（毫秒级）、寿命长（百万次循环），但能量密度低，适合短时高频应用（如电网调频）。

4.7.1.2　电化学储能

A　锂离子电池

优势：能量密度高（200 ~ 300 W·h/kg）、循环效率高（>95%），广泛应用于电动车与户用储能。

挑战：成本、安全性（热失控风险）及资源限制（锂、钴）。

代表产品：特斯拉 Powerwall（家庭储能）、宁德时代储能专用电池。

B　液流电池

原理：电解液在电堆中循环发生氧化还原反应，容量与功率可独立设计。

特点：寿命长（20 年以上）、安全性高，适合长时储能（4 ~ 12 h）。

主流技术：全钒液流电池（如大连融科 200 MW/800 MW·h 项目）。

C　钠基电池

钠离子电池：成本低（钠资源丰富），能量密度接近磷酸铁锂，正加速商业化（如中科海钠）。

钠硫电池：高温运行（300 ℃），日本主要用于电网储能，但存在安全性争议。

4.7.1.3　电磁储能

A　超级电容器

原理：通过电极表面吸附电荷储能，功率密度高（10 kW/kg），但能量密度低（<10 W·h/kg）。

应用：轨道交通制动能量回收、电网瞬时电压支撑。

B 超导磁储能（SMES）

特点：近乎零损耗、响应极快（毫秒级），但需低温环境维护，成本高昂，多用于特殊场景（如精密设备保护）。

4.7.1.4 热能储存

A 熔融盐储热

应用：光热发电系统，将太阳能以热能形式存储（如西班牙 Gemasolar 电站可连续发电 24 h）。

温度范围：通常使用硝酸盐（220 ~ 560 ℃），储热时长可达 10 h 以上。

B 相变材料（PCM）

原理：利用材料相变过程（如固-液相变）吸收/释放热量，用于建筑节能、冷链运输等。

4.7.1.5 化学储能（氢能）

绿氢储能路径：电解水制氢 → 储存（高压气态/液态/固态）→ 燃料电池发电。

优势：能量密度高（33 kW·h/kg），适合长周期跨季节储能，但整体效率较低（约 40%）。

示范项目：德国 Hybrid Power Plant 将风电制氢用于工业与交通。

4.7.1.6 新兴技术

重力储能：利用重物升降存储能量（如 Energy Vault 的混凝土块塔式系统）。

金属空气电池：理论能量密度极高（如锌空电池），但商业化尚在早期。

4.7.2 储能核心应用场景

4.7.2.1 电力系统

调频调峰：锂电、飞轮等快速响应技术平抑电网波动，抽水蓄能、压缩空气承担日级调峰。

黑启动：储能系统为停电后的电网恢复提供启动电源。

4.7.2.2 可再生能源并网

风光消纳：配套储能平滑出力波动（如青海共和光伏电站配储项目）。

微电网：海岛/偏远地区光储一体系统实现离网供电（如特斯拉萨摩亚微电网）。

4.7.2.3 交通电动化

电动汽车：动力电池（三元锂/磷酸铁锂）主导，固态电池有望突破续航瓶颈。

氢燃料电池车：日本丰田 Mirai、中国氢能重卡示范线逐步推广。

4.7.2.4 工业与建筑

削峰填谷：工厂利用储能降低需量电费（如特斯拉 Megapack 工业储能方案）。

绿色建筑：光伏 + 储能在写字楼实现“零碳”运行（如新加坡 CapitaGreen 大厦）。

4.7.2.5 家庭与分布式储能

户用光储系统：特斯拉 Powerwall、华为 LUNA2000 助力家庭能源自给。

应急电源：非洲等地便携式储能替代柴油发电机（如 Jackery 电小二）。

4.7.3 技术挑战与未来趋势

4.7.3.1 关键技术瓶颈

成本：锂电需降至 50 美元/(kW·h)以下才具全面经济性。

寿命：液流电池等长寿命技术需突破材料稳定性。

安全性：固态电池、水系电解质或解决易燃问题。

4.7.3.2 融合创新方向

多技术混合系统：如“锂电 + 超级电容”兼顾能量与功率密度。

数字化管理：AI 算法优化储能调度（如谷歌 DeepMind 预测充放电策略）。

循环经济：电池回收（如宁德时代“邦普循环”项目）降低资源依赖。

4.7.3.3 政策与市场驱动

中国提出 2025 年新型储能装机超 30 GW，美国 IRA 法案提供税收抵免。

全球储能市场预计 2030 年达 5000 亿美元，年复合增长率超 30%。

储能技术正从“单一功能”向“多场景协同”演进，未来将深度融入能源互联网，推动“源-网-荷-储”一体化。技术突破需产学研协同，政策与商业模式创新同样关键，如共享储能、虚拟电厂等新业态将加速落地。

5 碳　汇

5.1 什么是碳汇

碳汇是一个涉及气候变化和环境保护的重要概念。碳汇，一般指从空气中清除二氧化碳的过程、活动和机制。它是自然界中碳的寄存载体，主要通过植树造林、森林管理、植被恢复等措施，利用植物光合作用吸收大气中的二氧化碳，并将其固定在植被中和土壤里，从而减少大气中温室气体的浓度。

碳汇主要包括陆地碳汇和海洋碳汇两大类。

(1) 陆地碳汇。

森林碳汇：森林植物群落通过光合作用吸收大气中的二氧化碳并将其固定在森林植被和土壤中的所有过程、活动和机制。按森林类型，分为天然林碳汇和林业碳汇。

草地碳汇：草地植物吸收大气中的二氧化碳并将其固定在植被或土壤中，从而减少该气体在大气中浓度的过程。其形式主要包括植被碳汇和土壤碳汇。

农田碳汇（也称农业碳汇）：通过适当的农业管理措施来实现碳汇，主要由农业植被碳汇和农业土壤碳汇组成。

湿地碳汇：湿地植物通过光合作用将吸收的二氧化碳以有机质的形式固定在植被或土壤中。

土壤碳汇：通过改善土壤条件、种植覆盖作物、采用保护性耕作等措施，发挥土壤的吸碳固碳作用，将一部分二氧化碳储存在农田土壤中。

(2) 海洋碳汇。又称“蓝色碳汇”，是指通过海洋生物以及海洋生态系统的运转，将大气中的二氧化碳吸收并固封于海洋环境之中的过程和机制。海洋碳汇包括海岸带生态系统碳汇、渔业碳汇和微型生物碳汇等。

碳汇在减缓气候变化、实现碳中和目标中发挥着重要作用。通过增加碳汇，可以有效减少大气中的二氧化碳浓度，从而减缓温室效应和气候变化的影响。此外，碳汇还具有经济价值，可以通过碳汇交易等方式为生态保护提供经济支持。

政策支持：各国政府高度重视碳汇的发展，纷纷出台相关政策措施加以推动。例如，我国制定了《“十四五”规划和2035年远景目标纲要》，明确提出要协同推进减污降碳，促进达成“双碳”目标。同时，各地也相继出台了推动林业碳汇发展的支持性政策。

发展趋势：随着全球对气候变化问题的日益关注，碳汇将成为未来环境保护和气候变化应对的重要领域。预计未来将有更多的资金和技术投入到碳汇的研发和应用中，以推动碳汇的快速发展和广泛应用。

综上所述，碳汇是一个涉及气候变化、环境保护和经济价值的重要概念。通过增加碳汇，我们可以有效减缓气候变化的影响，为地球的可持续发展做出贡献。

5.2　碳汇理论

5.2.1　碳汇理论背景

5.2.1.1　两位智慧老人的预言

一位是费孝通先生。20世纪90年代费老就指出，人类对地球竭泽而渔，使得资源枯竭、生态破坏、环境污染、气候异常等，后工业时期必然会发生一个“文化大转型”。在这样的背景下，人类对自己创造的文化有必要进行全面反思，费老称之为“文化自觉”。“文化自觉”表达了20世纪末人类对自我生存的终极性思考。不曾想先生的预言兑现得如此之快：如今，一个崭新的“生态文明”时代已经向我们走来。

另一位是钱学森先生。早在20世纪80年代，钱先生就发现西北部的荒漠戈壁沙漠——祖国的半壁河山，是我们未来重要的生存空间。他提出了“知识密集型沙产业、草产业、林产业理论”，并预言在戈壁沙漠发展这一产业将掀起中国的“第六次产业革命”，他的技术路线是：“多采阳光，少用水、新技术、高效益。”如今，内蒙古等西部地区沙草产业的实践已经证明钱老的预言是准确的，“第六次产业革命”就是人类在21世纪的绿色革命。

5.2.1.2　低碳文明的全球化

人类文明经历了从狩猎、游牧、农业文明到工业文明的进化。工业文明为人类创造了巨大的财富，却是建立在大量消耗化石能源等自然资源和排放二氧化碳等温室气体的基础之上的，因而严重损害了人类赖以生存和发展的生态环境。恩格斯在总结人类向自然索取的教训后曾精辟地指出：“我们不要过分陶醉于我们人类对自然界的胜利。对于每一次这样的胜利，自然界都对我们进行报复。每一次胜利，起初确实取得了我们预期的结果，但是往后和再往后却发生完全不同的、出乎预料的影响，常常把最初的结果又清除了。”此外，人类必然由工业文明走向新的生态文明，从高碳重新回到低碳，走人与自然协调发展、和谐发展之路。20世纪80年代以来，国际社会对气候变化问题给予了高度关注。1992年和

1997 年先后通过了《联合国气候变化框架公约》(以下简称《公约》)和《京都议定书》(以下简称《议定书》),提出了“把大气中温室气体的浓度预定在不产生危险的人为干扰的水平上”的目标,确定了发达国家与发展中国家“共同但有区别的责任”原则;制订了发达国家到 2012 年减排温室气体的具体目标,即发达国家二氧化碳排放量要在 1990 年排放水平的基础上减少 5.2%,同时帮助发展中国家适应和减缓气候变化。

鉴于发展阶段的差距,发展中国家人均二氧化碳排放量要远低于发达国家人均水平。但是,快速工业化进程中的发展中国家排放增长速度快,增长幅度大。2007 年 12 月,在印度尼西亚达成了“巴厘路线图”,要求发达国家在 2020 年进一步大幅减少二氧化碳排放,发展中国家也要偏离常规的高碳发展路径。2009 年 12 月,哥本哈根会议经过艰苦努力,在落实“巴厘路线图”,推动《公约》和《议定书》全面、有效、持续实施方面取得了重要的阶段性成果。2019 年底,坎昆会议召开并达成相关协议。“气候变化”“节能减排”“绿色发展”“碳汇与碳源”“低碳经济”“碳金融”“碳交易”等名词不断冲击着人们的视野,成为世界各国政府及人民最为关心的话题。通过国际社会的协同应对,坚持走绿色发展、低碳发展之路,全球控制气候变暖的目标有望得到实现,人类社会正在走向新的生态文明时代。气候变化是全球性的,因此,应对气候变化和发展低碳经济也是全球性的。在哥本哈根会议之后,各国均向《公约》秘书处提交了减排承诺。

5.2.1.3 中国在行动

中国历来十分重视气候变化问题,已经认识到绿色发展、低碳发展是实现经济又快又好、和谐稳定发展的有效途径。2007 年,中国出台《中国应对气候变化国家方案》,是全球较早拿出此类方案的国家。2007 年底,中国又制定了《节能减排综合性工作方案》,并于“十一五”规划中提出降低单位 GDP 能耗 20% 的目标,近年来还不断采取激励措施。支持新能源和清洁能源的开发和利用(包括太阳能、风能、智能电网、新能源汽车等),都取得很大的进展。2009 年底的哥本哈根会议前夕,中国提出了到 2020 年在 2005 年基础上单位 GDP 碳排放强度下降 40%~45% 的减缓目标。《中华人民共和国国民经济和社会发展第十二个五年规划纲要》第六篇“绿色发展建设资源节约型、环境友好型社会”中阐明了:面对日趋强化的资源环境约束,必须增强危机意识,树立绿色、低碳发展理念,以节能减排为重点,健全激励与约束机制,加快构建资源节约、环境友好的生产方式和消费模式,增强可持续发展能力,提高生态文明水平。可见,绿色发展、低碳发展已成为我国的发展战略。为此,相关的理论研究要与之呼应,理论创新也要跟上时代的步伐。在这种背景下,提出以下碳汇理论研究的初步框架。

5.2.2 碳汇发生学研究

在陆地，在海洋，在我们星球的每一个角落，小草、灌木、大树都在阳光雨露的沐浴下自由自在地生长，这就是大自然，悄无声息却蕴涵着无限的力量，厚德载物，生生不息。

5.2.2.1 碳汇是太阳与水的杰作

大约在 50 亿年前，小行星撞击地球给荒凉的地球带来了水。大约在 35 亿年前，在无氧或缺氧的地球环境中出现了一种叫蓝藻的原核生物，具有类似光合作用的功能，能吸收空气中的二氧化碳合成有机物，同时排放出氧气。到了 7 亿～4 亿年前，大气中氧含量增加，地球高空开始形成臭氧层。紧接着，生命开始登陆，陆地也出现了光合作用，碳汇便源源不断地产生。生命演化到进入距今 5.3 亿年前的寒武纪时，演化突然提速，各类生命形成瞬间爆发，人们称其为“寒武纪生命大爆发”。生命奇迹是进化史上的突变，由此揭开了生物进化复杂性的一面，其中光合作用和氧的形成具有必不可少的作用。推动地球运转的动力之源来自太阳，万物生长靠太阳，太阳是绿色之源、能量之源、生命之源。植物在阳光的照射下产生叶绿素，绿色的植物吸收空气中的二氧化碳，并把二氧化碳固定在自身和土壤中，同时向外释放出氧气。动物摄食植物的绿叶，继续着太阳能源的再次生命的循环。就这样，几亿年来地球上的生命在太阳的恩惠下，在这颗绿色的星球上生存繁衍。绿色植物通过光合作用减少大气中二氧化碳浓度的过程、活动或机制，我们称之为碳汇。据科学研究测算，地球上绿色植物每年从空气中吸收约 1500 亿吨的碳，从水中吸收约 250 亿吨的氢，产生约 4000 亿吨的氧。

只要太阳从东方升起，碳汇便源源不断地“涌现”，碳汇的源泉喷涌不绝，碳汇的力量持续不断。

5.2.2.2 碳循环维系着生命和生态系统

碳是地球上最为重要的生命元素，是包括人类在内生命体的主要组成部分。碳的正常循环维系着地球上生命系统的新陈代谢过程。大自然贮存的碳是稳定的，正常状态下大气中二氧化碳的温室效应使得地球平均温度保持在 16 ℃左右。这使地球上的液态水得以存在，从而创造了生命存活的环境。

陆地生态系统碳汇功能是指生态系统以有机物质的形式暂时或永久性地贮存碳的功能，具有贮存碳功能的各生态系统的组分或类型都可以有不同名称的碳汇，按植被类型可分为森林碳汇、草原碳汇、农田碳汇、湿地碳汇、水体碳汇等。植物碳汇大约贮存了陆地大气中碳贮存量的 62%，植物光合和呼吸作用与大气之间的年碳交换量高达陆地生态系统碳汇总量的 90%，控制着全球陆地碳循环的动态。由此可见，植物碳汇对于人类来说是多么重要。如果人类活动释放到大气中二氧化碳的量超过同期地球大气二氧化碳的增量及海洋吸收量，就会产生碳失汇，进而引起温室效应及全球变暖。

5.2.2.3 碳汇概念产生于生态文明时代

狩猎、游牧、农业文明是原始的低碳文明，当时人们的生产方式是遵循自然。简单应用天然资源，一切用自然的力量来完成；生活方式也是原始而低碳的，生活中的一切来源于自然，与大自然融为一体。从农业文明到工业文明是人类历史上的一次伟大的飞跃，生产方式和生活方式发生的根本性改变，不仅养育了大量增长的人口，并且社会财富成几何级数地大幅度增长，工业化取得了无比辉煌的成就。然而，两百多年工业化带来了新的危机，传统工业化的基本模式是大量生产大量消费，其明显的特点集中表现为“四高”，即高资源消耗、高能源消耗、高污染排放和高物品废弃。工业革命前，二氧化碳在大气中的浓度几乎是固定不变；工业革命后，二氧化碳在大气中的浓度大量增加，增加幅度超过了33%，这种温室气体排放进大气后，短则50年、长则200年不会消失。整个地球今后承载人类温室气体再排放的底线，已经达到地球生态的警戒线。因此，绿色低碳之路是人与自然的和谐发展之路，是后工业时代发展的必然趋势，必将推动人类迈向崭新的生态文明时代。《议定书》下的国际温室气体灵活三机制，即排放贸易机制、联合履约机制、清洁发展机制，建立了国际碳排放权交易的基础性制度。碳汇作为一种新的生产要素、一种新型金融性资产，在全球范围内完成了概念上的创立。人类在科学技术发展中提出了碳汇的概念，并将碳汇视为一种资源，这是人类文明史上一次巨大的进步和飞跃，其深刻的思想在于通过碳汇经济运作，转变发展方式，将大自然的价值数量化、有形化、货币化，以确保人类生态安全。

5.2.3 碳汇价值研究

5.2.3.1 碳汇价值的科学研究

现代科学已经可以将生态系统对人类的服务价值进行数量化计量。2009年国家第七次森林资源普查的中国森林生态服务评估结果：中国森林生态系统服务功能总价值为每年10.01万亿元人民币，大体相当我国目前GDP总量的1/4。其中，年固碳释氧总价值量为1.56万亿元，相当于我国去年财政收入的近1/5。可见，森林碳汇的生态价值是相当可观的。中国森林植被碳储量为78.11亿吨，相当于燃烧10^9亿吨标准煤二氧化碳的排放量，生物固碳增汇减排（简接“减排”）的成本要远远小于工业减排（直接减排）成本。自20世纪80年代以来，我国退耕还林，大力植树造林，森林固碳量逐年增加。据联合国有关组织估计，中国每年固碳能力达到了50亿吨左右。

中国生态系统服务功能总价值1998年初被评估为4.2万亿美元，中国2000年的GDP为1.1万亿美元，即当时中国范围内自然的价值相当于人造价值的4倍。这13年来，中国的GDP增长速度很快，2010年已达到39.8万亿元人民币，也超出了我国生态系统服务的价值。1997年，全球生态系统对人类的服务价值每年的总价值为16万亿~54万亿美元，平均为33.3万亿美元，是1997年全年全球经济生产总产值的1.8倍。到了2002年，全球经济生产总产值与全球生态服务价值持平。到了2008年，全球的GDP已达到78万亿美元，远远超过了生态系统的服务价值。可见，人类创造财富的能力，已经达到甚至超过了自然生态系统对人类的服务能力。有专家学者称，现行经济是“以化石燃料为基础，以汽车为中心，用后即弃的经济”。采取线性的、非循环的模式，把投入生产和生活资源的大部分以废物的形式排向环境。这既造成资源的破坏和浪费，又造成环境污染和生态破坏，这种经济模式的潜台词是自然资源没有价值，结果必然导致自然价值严重透支。世界自然保护基金会《2002年生命地球报告》指出：“人类对自然资源的消耗已经大大超出地球的再生能力。”

5.2.3.2　碳汇的内在价值

在2500年前，中国哲学就认为自然的价值是最高的。老子《道德经》曰：“人法地，地法天，天法道，道法自然。”当代西方自然哲学家H. 罗尔斯顿也认为：“生态系统是宇宙中最有价值的现象”。在人类还没有诞生之前，森林等绿色植物以及恐龙飞鸟等一些动物就在地球上生长繁殖了，因而碳汇是大自然的产物。“自然”一词在希腊文中的原始含义有“生长”之意，即“依靠自己的力量，自然而然地生长、涌现、出现”。亚里士多德认为，“自然”意味着自身具有事物的本性，本性就是自然万物的动力渊源。东方哲学也主张“识自本心，见自本性”(《坛经》)。碳汇表征着大自然的“内在价值”(intrinsicvMue)，是大自然所具有的碳汇理论与绿色发展不以人为尺度的价值，即不需要以人类作为参照系，大自然原本就可以自我维持、自我塑造。在大自然中，各种植物、动物（包括人类)、微生物等相互依从，共同维持着物质、能量和信息的有序传递，使自然系统呈现出稳定、和谐和美丽的状态，包括碳汇在内的自然界的一切存在都具有不可替代的内在价值。“在与人类学有关方面，生态学恢复了‘自然’概念的崇高地位，使人根植于自然。自然不再是无序、被动、无定形的环境，而是复杂的整体。人对于这个复杂的整体不再是封闭的实体，而是一个开放系统，以组织形态上的自主——依从的关系处于生态系统的内部。”揭示大自然及碳汇“内在价值”的重要性在于确认作为“道德关爱对象”的“道德资格”。因其具有“内在价值”，人类要予以终极性的理解和尊重。

5.2.3.3 碳汇的工具价值

碳汇的工具价值除其生态价值之外，还表现为经济价值。碳汇作为一种自然价值，是生态文明时代的新型资源，如果弃之不用则形同虚无；反之，整合碳汇资源，使碳汇资源有形化、产业化、货币化、市场化，真正进入我们的经济生活，则对节能减排、保护生态环境以及扩大农牧民就业、惠及民生产生重要作用。增加碳汇的直接手段是植树造林，保护、恢复和管理好我们的森林、草原、湿地、农田，在适宜地区退耕还林、退牧还草，治理好沙漠荒地，恢复地球自我修复的生态功能，以减缓气候变化，拯救地球家园。随着人类认识的提高，国家间签署相关协议，碳交易量扩大，碳汇的工具价值被全球认可，甚至成为新的金融工具和货币形状，碳汇的经济价值往往也作为国家间博弈的工具。

5.2.4 碳汇复杂性研究

当代科学和哲学最新的研究探索表明，对人类未来前景的把握依赖于我们对复杂性的认知程度。理解复杂性要靠复杂性思维，即认识事物的整体性、系统性、复杂性、非线性、相对性、全息性、多元性、动态性、不确定性、定量分析等。复杂性研究开创了人与自然、科学与人文的新对话。碳汇的复杂性研究在方法论上也不能单纯局限于生物学、生态学某个单一视角，而应进行多维度、多视角、多原理审视。

5.2.4.1 大气中的二氧化碳已经超过地球的“外在限度”

地球家园的可贵在于她是一个非常特殊的（无机有机生命——人类 + 文明）自然连续演化体，这是一个充满了复杂性的过程，即在各种自然因素、在时空上巧妙的集合而成。复杂性常常源于组分间的复杂关联，这在生态系统中尤为突出。所有的生物都相互关联，所有生物系统又与生态环境之间紧密关联、相互依存、相依为命，人类实在难以尽窥个中奥妙。生态系统乃至整个宇宙系统的动力学原理都来自整体而不是部分。复杂性系统科学哲学研究有一个关键词叫“涌现”，认为自然系统各子系统之间相互作用，在某一点上会突然产生整体性质的质变，这一结论趋近于东方哲学的“缘起性空”。如前所述，现在人类追求财富增长的活动已接近和超过地球自然系统的某些“外在限度”，根源在于当代人类的“主流文化”追求人类中心主义和享乐主义的价值观，使用“理性工具”向大自然无限攫取，人类“创造力”已超过大自然的承受能力；此时，大自然对人类无情的报复次数越来越频繁，程度越来越剧烈，领域越来越广泛。工业化以来，大气中二氧化碳和甲烷等温室气体浓度超过了33%，从而诱发了全球气候变化，并因此引起全球生态灾难频发：冰山融化、湿地缩小、海平面上升、污染性疾病增多、生物多样性降低、干旱程度加剧、异常天气增多、地震频发并加剧，等等。

5.2.4.2　可以改变的是人类的“内在限度”

与蕴藏着无穷奥秘的大自然相比，人类的理性智慧只不过是沧海一粟。我们无法改变大自然的“外在限度”，因为那是一些自然常数，我们可以避免这颗星球毁灭的唯一办法就是改变人类的“内在限度”。人类“内在限度”就是所谓“新石器文明时代开始产生的人类幻觉”，用中国的一个成语叫“盲人摸象”，即先验地认为地球资源是无限的，可以被人类无穷享用。人是环境的主人，征服与战胜自然是西方文明的“二具理性特征”，手段便是工业技术。人类把事物的复杂性化归为简单的秩序和基本的单元，并形成了分科极细的教育体系。现在，人类对复杂性的研究有了很大的进展，而且每一个新的结论都奇妙地回归东方思想和中国哲学的一些古老命题。比如，复杂性研究认为：“世界处于我们精神的内部，而我们的精神又处于世界的内部。主体和对象在这个过程中彼此是建构者。”这在中国哲学中被称为“天人合一”或“性天相通”，即以敬畏、感恩的心包容自然、理解自然，而不是征服自然、战胜自然。只要人类还没有完全克服西方文明的品质缺陷，还没有完成从工业文明向生态文明的过渡，还没有走出主客二分观点的认识误区，还没有对事物整合性、复杂性、系统性等“本性”有深刻的认知，空气中二氧化碳含量依然持续增多，那么，发生全球性生态灾难和其他全球性灾难的危险就一直高悬在我们头顶的上空。

5.2.4.3　人类面对抉择

有位科学家设计了一个别出心裁的游戏：假定有一串多米诺骨牌，其中每一块是它前一块的 1.5 倍，只要第一块多米诺骨牌倒翻，每块骨牌即相继倒塌。理论上计算，按此程序排列 32 块骨牌，最后一块骨牌的大小将如纽约世贸中心摩天大楼那么大。现在地球空气中二氧化碳浓度的增多大概就是第一张多米诺骨牌，它已经大到可以引发全球性自然灾害的程度。对此唯一的解决办法是文化转型，建立全新的生态伦理和生态理念，这也就是费孝通先生在生前再三提醒我们应该有的“文化自觉”。然而，近几年的现实是大灾难接踵而至，比如日本的大地震、海啸引发的核泄漏危机等，人类不得不面临新的抉择。作者认为，从一定意义上说，人类是有选择权的，关键是人类是否觉醒，是否能早日摆脱人类中心主义和文化本位主义，以及由此派生的国家本位主义，从而促成各国政府早日达成关于气候问题的协议。我们正步入这样一个世界：在其中将来是未决的，在其中时间是一种结构，我们所有人都可以参与到这当中去。

5.2.5 碳汇伦理研究

2008 年中国奥运会有一首著名的歌曲叫《我和你》，表达“我和你”“你们和他们”“我们和它们”同住地球村，是相互依存的。中国道家哲学称之为“互为其根”，即以对方的存在为我存在的根据和前提。这种以和平、和谐、和睦相处的东方伦理将在这个世纪替代“你或我”“他们或它们”以至“我们或它们”的排他性生存逻辑，“非零和博弈”将替代“零和博弈”，进而实现“正和博弈”，即大家都是赢家。联合国《世界自然宪章》(1982 年）宣告：“人类属于自然的一部分，生命依赖于自然系统功能的持续发挥，从而确保能源和营养的供给。文明根源于自然，它塑造了人类的文化，并影响了所有艺术和科学的成就；与自然协调一致的人类生活，将赋予人类在开发创造力和休息、娱乐方面的最佳机遇。”我们不仅要尊重人，爱惜文化价值；而且要尊重生命和自然界，爱惜自然价值。生命的每种形式都有其存在的理由，不管它对人类的价值如何都应受到尊重，为使其他生物得到这种尊重，人类的行为必须受到道德准则的支配。

5.2.5.1 碳汇伦理倡导人与人、人与自然平等、公平的原则

生态文明时代伦理学的基本内涵是建立真正平等的、公正的人与人、人与自然的关系，实现人与人、人与自然的和谐发展，达到共荣共存。人类平等原则具体包括代内平等与代际平等，前者体现的是全球共同利益，后者体现的是社会未来利益。代内平等原则认为，任何人、任何国家都享有平等的生存与发展的权利，任何人、任何国家都不能以“自我为中心”，不能以损害别人、别国的发展为代价来实现自身的发展，应该在地区、国家和全球范围内防止和消灭贫富两极分化，实现同舟共济。代际平等原则要求社会的发展不仅要满足当代人的需要，而且要考虑下一代以及子孙后代的需要，当代人的发展不能以损害后代人的发展为代价。环境公平主要包括三个方面的含义：其一，确认生态环境自身具有内在价值；其二，在人与人的社会关系方面，所有人公平地享受环境权利；其三，在人与自然的生态关系方面，所有人在开发和利用环境资源的同时，承担补偿自然的责任，以实现利用与保护的平衡。污染了环境要进行治理和净化，透支了自然资源要给予生态补偿，高碳者要对低碳者补偿，这是生态文明时代人类新的道德规范。

5.2.5.2 碳补偿伦理

碳补偿回馈自然，表面上好像是为了自然，但实际是为了人类自己的利益。因为在人对自然不断攫取的情况下，只有回馈和补偿自然，维护大自然的平衡，人类才会有前途。碳补偿伦理实施的理论依据是利益激励机制：“在一定的制度

和体制下，采取相应的手段、工具和组织形式，充分发挥利益激励的社会功能，就构成了一定的利益激励机制；利益激励的作用机制是客观的，是有一定规律的，人们可以利用利益激励的客观机制、自觉地促进社会的发展和进步。”

碳补偿伦理把公正、公平、利益共享、风险分摊的原则扩展到全人类，从现代人扩展到子孙后代，从人扩展到生命和自然界。通过实行碳补偿利益激励机制，有助于正确解决人与人之间的社会利益，以及正确处理人与自然的生态关系，有助于人与自然的和解以及人类自身的和解，这是建构和谐社会的必要条件。当然，碳补偿的实行是一个非常复杂的过程，它不仅需要人类道德的完善，还需要相应政策的制定和实施，需要完善立法和执法以及碳汇机制和碳汇交易体系的建立，这是建设生态文明的重要内容。

5.2.5.3　返璞归真

低碳生活，实现自我碳汇理论倡导的伦理价值观认为，生态系统的稳定、完整和美丽都是判断人的行为是否正确的重要因素。由于碳汇伦理呈现着自然的本质，绽放着善的花朵，追求根本性的正义等公共理性，同时又内化为人的知识和智力，故而可以实现人的自我塑造。2008 年北京奥运会期间，有 8 万人自愿不开汽车，骑自行车或步行上下班，在 16 天运动会期间，减排温室气体 2 万多吨，通过国际市场实现了碳排放权的交易。低碳生活，实现自我的途径很多，如：宣传普及气候变化和低碳文明知识、确立低碳生活新观念，提高节约资源能源、保护生态环境的自觉性；抛弃奢靡的高碳消费，遵循低碳消费新时尚；在绿色交通、建筑节能、园林绿化、小区环保、社区公共设施节能等方面依靠社区民众的广泛参与，共建共享生态家园：选购含有碳信用额度的商品和服务，以实现“碳中和”的目标；捐资碳汇造林、植草、治沙或资助碳汇基金，“参与碳补偿，消除碳足迹”；等等。凡此种种，均可表达生态文明时代人类的新型文明理念、伦理道德和美好情怀，实现人类智慧和个性化自由选择等人类高层次的精神需求。“谁言寸草心，报得三春晖。”生态文明时代，碳汇成为重要资源，不能轻看小树、小草、小花，也许它们才是解救人类危机的“救命稻草”。它们维护着地球湿地不至枯竭，保护山体不至滑坡，使草原和森林永葆绿色，防沙治沙，改造沙漠荒漠；它们吸入二氧化碳，呼出氧气，减缓气候异常，克服生态灾难。在生态文明时代，我们要保护这些绿色生命，增强绿色意识，弘扬全球伦理，倡导终极关怀，发展碳汇经济，以此调整经济结构，转变发展方式，推动绿色发展。绿色碳汇是我们的幸运女神，给我们带来福音和吉祥，给我们注入“绿色的力量”，使我们的地球维持正常的运行。我们要充分认识她、研究她，维护好我们的海洋、森林、草原、湿地、农田等生态系统，将更多的乔木、灌木和花草覆盖在地球表层，增汇减排，让绿色碳汇为人类造福。

6 碳排放交易

碳排放交易是指为促进全球温室气体减排，减少全球二氧化碳排放所采用的市场机制。

6.1 定义与起源

碳排放交易，又称碳排放权交易，源于20世纪90年代经济学家提出的排污权交易概念。排污权交易是市场经济国家重要的环境经济政策，美国国家环保局首先将其运用于大气污染和河流污染的管理。后来，这一概念被扩展至碳排放领域，形成了碳排放交易。

6.2 发展背景

（1）国际背景。

1997年，全球100多个国家因全球变暖签订了《京都议定书》，该条约规定了发达国家的减排义务，同时提出了三个灵活的减排机制，碳排放权交易是其中之一。

2005年，伴随着《京都议定书》的正式生效，碳排放权成为国际商品，越来越多的投资银行、对冲基金、私募基金以及证券公司等金融机构参与其中。

（2）国内背景。

2011年10月，国家发展和改革委员会印发《关于开展碳排放权交易试点工作的通知》，批准北京、上海、天津、重庆、湖北、广东和深圳等七省市开展碳交易试点工作。

2013年6月18日，深圳碳排放权交易市场在全国七家试点省市中率先启动交易。

2021年7月16日，全国碳排放权交易在上海环境能源交易所开市。

6.3 交易流程

总量设定与配额分配：政府或相关机构首先确定在一定时期内允许排放的温室气体总量，并将总量目标分配给参与交易的企业或单位。

排放监测与报告：企业需要准确监测自身的碳排放量，并按规定时间和格式向相关部门报告。

交易平台注册：参与企业在碳排放交易平台注册，并开设交易账户。

配额交易：企业根据自身的碳排放情况，在交易平台上买卖碳排放配额。

清算与结算：交易完成后，进行资金和配额的清算与结算。

监管与核查：监管部门对企业的碳排放和履约情况进行核查，确保交易的合规性。

6.3.1　碳交易市场

碳交易市场，也就是碳排放权交易体系，主要是通过设定一个总的排放上限，然后分配或拍卖配额给各个企业，允许它们之间交易这些配额，从而达到减少温室气体排放的目的。配额总量确定是关键，因为它直接影响到减排的效果和各国的经济负担。

6.3.2　配额分配

配额分配是碳排放权交易体系中最核心也是最具争议的问题，因为它将决定企业获得配额的数量。配额分配的首要问题是配额是免费获得的还是拍卖获得的，抑或是两者的综合。如果配额是免费获得的，那么必须确定谁将获得配额，基于什么样的标准获得配额，是历史排放量、当前排放量或者是标杆排放量；如果配额是拍卖获得的，那么拍卖的形式如何确定、拍卖所得基金如何使用；如果配额是综合方法获得的，那么多少是免费、多少是拍卖，划分的标准是什么。

6.3.3　配额总量

配额总量是一国或者地区经济社会在固定时间内（通常为一年），各种排放源排放的二氧化碳配额总和，代表允许排放的最大额度。一个单位配额代表组织或个人具有排放 1 t 二氧化碳的权利。

配额总量控制是指事先设定代表了一定时期内排放交易机制覆盖范围所能达到的特定环境目标，并通过配额价格信号传导激励覆盖产业完成低碳转型，降低温室气体排放量。因此，配额总量设定实施的优劣直接关系到碳市场的运行和排放交易机制减排激励作用的正常发挥。

6.3.4　配额总量的确定

配额总量确定是关键，因为它直接影响到减排的效果和各国的经济负担。

那么，各国是如何确定自己的配额总量的。根据之前学过的知识，这可能涉及国际协议、国内政策、科学评估等多个方面。比如，《巴黎协定》下各国的国家自主贡献（NDC）可能是一个参考点。每个国家根据自己的国情、发展水平、历史排放等因素来设定减排目标，进而转化为配额总量。

6.3.4.1 操作层面

具体到操作层面，可能要考虑更多细节。比如，欧盟的碳市场（EU ETS）是如何确定配额的？他们可能有一个逐步减少的总量控制，每年递减一定百分比，以促进减排。中国刚刚启动的全国碳市场，可能又是另一种方式，比如基于行业的基准线法，或者历史排放法来分配配额。

（1）不同国家的方法可能有差异。发达国家和发展中国家在配额分配上可能有不同的原则，比如共同但有区别的责任原则。发达国家可能需要承担更多的减排义务，因此配额总量可能更低，而发展中国家可能有更多的灵活性和较高的配额，以支持其发展需求。

（2）科学依据也是重要因素。政府间气候变化专门委员会（IPCC）的报告可能会提供全球碳预算，各国需要根据这个预算来分配各自的配额。但是，如何公平地分配这个预算是个难题，人均排放、历史责任、经济能力等因素都可能被考虑进去。例如，有些国家可能主张按人均排放来分配，有些国家可能更强调历史累积排放的责任。

（3）动态调整机制也很关键。配额总量不是一成不变的，需要根据技术进步、经济变化、国际气候谈判进展等因素进行调整。比如，欧盟的碳市场就有市场稳定储备机制（MSR），用于调整配额供应，防止价格波动过大。

（4）数据收集和透明度也是问题。各国需要准确报告自己的排放数据，才能有效设定和调整配额。但是，有些国家可能缺乏监测和报告的能力，导致数据不准确，影响配额分配的公平性和有效性。

（5）可能存在的挑战包括政治博弈、经济影响、公平性问题等。发达国家可能不愿意承担过多的减排责任，而发展中国家可能需要资金和技术支持才能有效减排。如何在国际谈判中平衡各方利益，达成共识是一个大问题。

举个例子，假设全球碳预算根据 IPCC 的报告确定，到 2030 年需要减少一定量的排放，那么各国如何分配这个预算？可能有的国家认为应该根据当前排放量来分配，有的认为应该考虑历史排放，有的则主张按人均分配，这需要复杂的谈判和妥协。

（6）国内政治因素也会影响配额设定。比如，某个国家内部有强大的工业利益集团，可能会游说政府分配更多的配额，以减轻企业的负担，这可能导致配额总量偏高，减排力度不足。反之，环保团体可能推动更严格的配额，加速低碳转型。

6.3.4.2 技术层面

在技术层面，配额的分配方法有免费分配和拍卖两种。免费分配可能基于历史排放（祖父法则）或行业基准，而拍卖则让市场决定配额价格。不同方法对经济的影响不同，免费分配可能更容易被企业接受，但拍卖更能体现污染者付费原则。

（1）碳泄漏问题也需要考虑。如果一国配额过严，可能导致企业转移到配额较宽松的国家，从而全球排放并未减少。因此，配额设定时可能需要考虑国际贸易和竞争因素，比如欧盟的碳边境调节机制（CBAM）。

（2）国际碳市场的链接也是一个趋势。不同国家的碳市场如果能够互联，配额可以跨国交易，这需要各国在配额总量确定上有一定的协调和互认，否则可能出现市场扭曲。

6.3.4.3　总结

确定各国配额总量需要考虑国际协议、科学依据、公平性原则、经济影响、国内政治、技术方法、数据透明、动态调整等多个因素，是一个多维度、复杂的决策过程，需要平衡各方利益和全球减排目标。

欧盟总量设定：2021 年配额总量 14.3 亿吨，2030 年计划降至 6.6 亿吨。行业覆盖：能源、制造、航空等，占欧盟总排放 40%。

中国总量设定：首个履约期（2021 年）分配 45 亿吨配额（电力行业）。

6.3.5　碳排放权交易市场

碳排放权交易（carbon emissions trading）是一种基于市场的环境政策工具，旨在通过经济激励手段控制温室气体排放，应对气候变化。其核心思想是将碳排放权转化为可交易的商品，通过市场机制优化资源配置，促进减排成本最小化。

价格发现：配额价格由市场供需决定，反映减排的边际成本。高排放企业需支付更高成本，倒逼其技术创新或转型。

6.3.5.1　全球主要碳市场

（1）欧盟碳排放交易体系（EU ETS）：全球最大、历史最悠久的碳市场，覆盖电力、工业、航空等行业。

（2）中国全国碳市场：2021 年启动，初期聚焦电力行业，未来将扩展至钢铁、水泥等高耗能领域。

（3）区域市场：美国加州碳市场（CaT）、区域温室气体倡议（RGGI）等。

（4）国际机制：《巴黎协定》第六条推动全球碳市场合作，允许跨境交易与抵消。

（5）总量设定：政府或国际组织设定某一区域或行业的碳排放总量上限（Cap）。

(6) 配额分配：将排放权以配额（如，1 单位配额 = 1 t CO_2）形式分配给企业，分配方式包括：

1）免费分配：基于历史排放水平或行业基准；

2）拍卖：企业通过竞价购买配额；

3）交易市场：企业可根据自身减排成本选择；

4）超额减排后出售多余配额；

5）超额排放则需购买配额或缴纳罚款。

6.3.5.2 碳排放权交易市场结构

(1) 一级市场：政府或监管机构分配或拍卖初始配额。

(2) 二级市场：企业、金融机构等参与者进行配额交易，形式包括：

1）现货交易：即时交割配额；

2）期货/期权：对冲价格波动风险；

3）抵消机制：允许使用碳汇（如植树造林）或减排项目产生的信用（如 CERs、CCERs）抵消部分排放。

6.3.6 碳税

碳税是指针对二氧化碳排放所征收的税。

6.3.6.1 定义与目的

碳税是以环境保护为目的，针对二氧化碳排放所征收的税。其目的主要是通过经济手段来减少化石燃料的消耗和二氧化碳的排放，从而减缓全球变暖的趋势。

6.3.6.2 征收方式与对象

碳税通常是对燃煤和石油下游的汽油、航空燃油、天然气等化石燃料产品，按其碳含量的比例进行征税。这样，为了减少费用支出，公共事业机构、商业组织和个人都会努力减少使用由化石燃料产生的能源。

6.3.6.3 主要影响

减排效应：碳税为碳排放设定了一个明确的价格，使得减少碳排放成为有经济回报的行为。这将促进企业采取节能技术，降低能源消耗，采用替代能源，从而改变能源消费结构，减少温室气体排放。

经济增长效应：碳税对经济增长的影响具有两面性。一方面，碳税可能会降低私人投资的积极性，对经济增长产生抑制作用；另一方面，碳税也可以增加政府收入，扩大政府的投资规模，对经济增长起到拉动作用。从中长期来看，碳税将促进相关替代产品的研发，降低环境治理成本，有利于经济的健康发展。

能源消费效应：碳税将提高能源价格，使其成为一种更昂贵的生产要素。这将提高企业生产成本，促使企业减少生产并寻求节能技术和替代能源。特别是在能源需求价格弹性较高的国家和地区，碳税将有效减少能源消耗，提高能源使用效率。

收入分配效应：碳税对不同社会群体的影响并不相同。由于碳税具有分配累退性，可能会扩大资本与劳动的收入分配差距，加剧社会不公，因此在征收碳税时，需要考虑如何平衡不同社会群体的利益。

6.3.6.4　国际实践

加拿大：2008 年，加拿大的 BC 省开始对每吨二氧化碳征收约 30 加币的税收，这笔税加在了汽油上。到 2014 年，该省的碳排放相比 2008 年下降了 15%，而 GDP 相比 2007 年上升了 12.5%。

新加坡：从 2019 年起征收碳税，企业每排放 1 t 的温室气体，必须缴付 5 元的碳税，直到 2023 年。从 2024 年起，政府将分三个阶段调高碳税，价格将从每吨 25 元逐步增加到 50 ~ 80 元之间。

6.3.6.5　中国情况

政策讨论：国家发展和改革委员会与财政部曾联合拟定碳税专题报告，指出中国推出碳税比较合适的时间是 2012 年前后，且应先针对企业征收暂不针对个人。然而，由于多种原因，中国短期内并未实施碳税政策。

专家观点：有专家建议中国应尽早推出碳税政策，以建立统一的碳排放大市场，并推进“双碳”目标的实现。他们认为，通过对源头征税（如煤炭生产地、天然气和原油生产地以及进口关税）可以有效减少碳排放。

综上所述，碳税是一种有效的环境经济政策工具，能够有效地减少二氧化碳排放、降低能源消耗并改变能源消费结构。然而，在实施碳税政策时，需要充分考虑其对社会经济、人民生活以及国际竞争力的影响，并制定相应的政策措施来平衡各方利益。

6.3.7　碳交易和碳税的比较

碳交易和碳税各有优缺点，适用于不同的场景和条件。在实际应用中，政府应根据本国的经济发展水平、产业结构、碳排放特点以及国际形势等因素来选择合适的政策手段。同时，政府还应加强政策宣传和教育，提高企业的环保意识和减排能力，共同推动全球气候治理的进程。

碳税是直接对排放征税，价格由税率决定；碳交易是市场决定价格，总量控制。两者的优缺点也需要简单说明，比如碳税价格稳定但减排效果不确定，碳交易减排效果明确但价格波动可能大。碳排放权交易和碳税比较见表6-1。

表 6-1 碳排放权交易和碳税比较

特 征	碳排放权交易	碳 税
定价机制	市场决定配额价格	政府设定税率
减排确定性	总量控制，减排量确定	价格确定，减排量依赖企业响应
灵活性	企业可交易配额，灵活调整策略	企业被动缴税，灵活性较低
政策风险	价格波动可能较大	税率调整需政府干预

6.4 碳排放权交易市场结构的意义和作用

市场机制创新：碳排放交易机制是应对气候变化、减少温室气体排放的重大体制机制创新。

经济激励：通过市场机制优化配置碳排放空间资源，为排放实体碳减排提供经济激励。

促进低碳发展：有助于将技术和资金导向低碳发展领域，推动企业发展新旧动能转换，倒逼企业淘汰落后产能、转型升级。

国际领导力提升：积极参与国际碳定价体系，提高气候变化领域国际领导力。

6.5 现状与展望

现状：全国碳排放权交易市场已初步建成，并稳定运行。2023 年全国碳排放权交易市场碳排放配额成交量达到 2.12 亿吨，成交额为 144.4 亿元。

展望：随着全球对气候变化问题的日益重视和碳排放交易机制的不断完善，碳排放交易市场将发挥更加重要的作用。同时，也需要加强国际合作与交流，共同推动全球气候治理进程。

综上所述，碳排放权交易是一种利用市场机制控制温室气体排放的方法，对于应对气候变化、促进低碳发展具有重要意义。

6.5.1 中国碳市场的特点

6.5.1.1 全球最大规模，分阶段推进

全国统一市场与地方试点并存：2013 年起，中国在 7 个省市（北京、上

海、深圳等）启动地方碳交易试点，积累经验；2021 年 7 月，全国碳市场正式启动，初期覆盖电力行业（约 45 亿吨年排放量），成为全球覆盖排放量最大的碳市场。

分行业逐步扩容：未来将逐步纳入钢铁、建材、有色金属、石化、化工、造纸、航空等高排放行业，形成多行业协同减排格局。

6.5.1.2 政策驱动型市场

顶层设计明确：以“双碳”目标（2030 年前碳达峰、2060 年前碳中和）为核心导向，依托《碳排放权交易管理办法（试行）》等法规框架运行。

免费配额为主，逐步过渡有偿分配：初期以免费分配碳排放配额（CEA）为主，减少企业负担；未来将逐步增加有偿分配（如拍卖），强化市场激励。

政府强监管：碳排放数据核查、配额分配、履约清缴等环节由政府主导，确保市场稳定。

6.5.1.3 交易机制以配额（CEA）为核心

“总量控制与交易”模式：政府设定行业排放总量上限，企业通过交易配额实现灵活履约。

补充机制（CCER）：允许企业使用国家核证自愿减排量（CCER）抵消部分排放（上限 5%），鼓励可再生能源、林业碳汇等项目发展。CCER 于 2023 年宣布重启，规则进一步规范。

交易主体有限：全国市场初期仅纳入重点排放单位（约 2200 家电力企业），金融机构和个人暂未开放，流动性低于成熟市场。

6.5.1.4 碳价相对较低，注重稳定性

价格调控机制：碳价受政策影响显著，政府通过配额松紧调节价格，避免剧烈波动。全国市场启动以来，CEA 价格 50～80 元/t，显著低于欧盟等市场（80～100 欧元/t）。

履约驱动交易：交易集中于年底履约期，非履约期流动性较低，呈现周期性特征。

6.5.1.5 地方试点创新与差异化

试点市场多样化：地方试点覆盖行业更广（如深圳纳入交通、建筑）、允许机构和个人参与，且探索了碳金融衍生品（如碳配额质押、碳远期）。

价格差异显著：试点碳价从 10～100 元/t 不等，反映区域经济与减排成本差异。

6.5.1.6 数据基础与MRV体系

注重数据质量：建立企业碳排放报告、第三方核查、政府复核的MRV（监测、报告、核查）体系，但数据透明度与核查能力仍需提升。

数字化平台支撑：全国碳市场依托注册登记系统（湖北）、交易系统（上海）实现全流程线上管理。

6.5.2 控排目标与覆盖主体范围

中国7个碳排放权交易试点省市的控排目标与覆盖主体范围对比，见表6-2。

表6-2 控排目标与覆盖主体范围对比

试点省市	控排目标	主体范围（覆盖行业与纳入企业）
北京	年碳排放总量控制（绝对总量目标），覆盖约45%的全市碳排放量	（1）电力、热力、水泥、石化、交通、服务业、公共建筑等； （2）企业数量：约900家（含服务业和公共机构）
上海	年碳排放总量控制（绝对总量+强度目标），覆盖约50%的全市碳排放量	（1）电力、钢铁、化工、航空、港口、宾馆、商场等； （2）企业数量：约300家（含工业和非工业领域）
广东	分阶段总量控制（初期强度目标为主，逐步转向绝对总量），覆盖约60%的全省碳排放量	（1）电力、钢铁、石化、水泥、航空、造纸等； （2）企业数量：约240家（侧重高耗能行业）
深圳	强度控制为主（单位GDP碳排放下降），覆盖约40%的全市碳排放量	（1）电力、水务、燃气、制造业、交通、建筑等； （2）企业数量：约800家（含中小型企业和公共建筑）
天津	强度与总量双控，覆盖约60%的全市碳排放量	（1）电力、钢铁、化工、石化、油气开采等； （2）企业数量：约100家（集中在重工业）
湖北	总量控制（覆盖约35%的全省碳排放量），以钢铁、化工等高耗能行业为主	（1）电力、钢铁、化工、水泥、汽车制造等； （2）企业数量：约140家（偏重工业领域）
重庆	强度控制为主（单位工业增加值碳排放下降），覆盖约40%的全市碳排放量	（1）电力、电解铝、铁合金、化工、水泥等； （2）企业数量：约250家（聚焦高耗能工业企业）

6.5.2.1 补充说明

行业覆盖差异：北京、深圳覆盖范围最广，纳入交通、建筑和服务业；广东、湖北以传统工业为主；重庆聚焦高耗能资源型产业（如电解铝、铁合金）。

目标类型：北京、上海、广东采用绝对总量控制；天津、重庆以强度目标为主，兼顾总量；深圳、湖北初期侧重行业碳排放强度约束。

企业规模：深圳、北京纳入大量中小企业和公共机构；其他试点以大型工业企业为主。

数据时间：截至2023年，各试点市场仍在动态调整中（如广东计划扩大行业覆盖范围）。

6.5.2.2　关键特点总结

区域经济适配性：控排目标与主体范围设计紧密贴合本地产业结构（如深圳服务业发达，重庆重工业占比高）。

灵活性：试点为全国碳市场提供差异化经验（如北京服务业碳管理、深圳碳普惠机制）。

数据基础：均建立MRV（监测、报告、核查）体系，但数据透明度与核查标准存在差异。

6.5.3　配额分配

中国7个碳排放权交易试点省市配额分配机制对比，见表6-3。

表6-3　配额分配机制对比

试点省市	配额分配方法	免费与有偿比例	基准线设定	调整机制
北京	历史法为主（基于企业历史排放强度或总量）	免费分配占95%以上，少量有偿拍卖试点	分行业设定基准值（如服务业、制造业差异化）	动态调整：根据减排目标逐年收紧配额总量
上海	历史法+基准线法（电力、航空采用基准线，其他行业历史法）	免费分配占90%，10%有偿拍卖（2023年起部分行业扩大比例）	电力行业按单位发电量碳排放基准分配	引入“柔性配额”机制（企业可预支未来年度配额）
广东	基准线法为主（覆盖电力、水泥、钢铁等行业）	免费分配占90%~95%，5%~10%有偿竞价（年度拍卖）	按行业先进值设定基准（如电力行业分燃煤、燃气机组）	配额总量逐年下降（与GDP增长脱钩），行业基准每3年更新
深圳	混合模式（工业行业基准线法，建筑交通历史法）	免费分配占85%，15%有偿分配（拍卖或固定价格购买）	建筑行业按单位面积碳排放强度分配	配额预分配机制（企业可提前申请部分分配额）
天津	历史法为主（结合行业控排目标）	免费分配占100%（暂无有偿分配）	钢铁、化工行业按历史排放强度设定	设置5%的储备配额用于市场调节
湖北	基准线法（电力、钢铁行业采用行业基准）	免费分配占95%，5%有偿分配（定向企业）	电力行业按单位供电量碳排放基准分配	建立配额储备池（调节市场供需）
重庆	历史强度法（基于单位产品碳排放强度）	免费分配占100%（暂未开放有偿分配）	电解铝、铁合金行业按产品单耗基准分配	允许企业结转剩余配额至下一年度

6.5.3.1 补充说明

A 分配方法差异

基准线法（广东、湖北）：鼓励行业技术升级，对能效领先企业更有利。

历史法（北京、天津、重庆）：降低企业初期减排压力，但可能弱化激励效果。

混合模式（上海、深圳）：平衡行业差异，兼顾公平与效率。

B 有偿分配进展

上海、广东、深圳试点拍卖机制，逐步提高有偿比例（上海电力行业2023年有偿比例升至15%）。

北京、天津因市场流动性较低，有偿分配推进较缓。

C 行业特殊性

深圳建筑行业：全国唯一将公共建筑纳入配额管理的试点，采用“能耗限额+基准线”双约束。

湖北电力行业：针对“水电大省”特点，设定火电企业严格基准线，推动清洁能源替代。

6.5.3.2 数据基础

所有试点均要求企业提交经第三方核查的排放数据，但基准线精度因行业成熟度而异（如电力行业数据质量高于服务业）。

6.5.4 交易要素比较

中国7个碳排放权交易试点省市碳排放权交易核心要素对比，见表6-4。

表6-4 碳排放权交易核心要素对比

试点省市	覆盖行业	配额分配方法	交易产品	参与主体	碳价范围/(元·t^{-1})	补充机制与特色
北京	电力、热力、制造业、交通、服务业、公共建筑	历史法为主，分行业基准线	碳排放配额(BEA)、CCER、碳远期、碳质押	企业、机构、个人(部分开放)	50～120	(1) CCER抵消比例最高10%； (2) 首创“碳普惠”机制（市民减排行为可兑换碳积分）
上海	电力、钢铁、化工、航空、港口、商业	历史法+基准线法(电力行业基准线)	碳排放配额(SHEA)、CCER、碳回购、碳借贷	企业、机构（暂未开放个人）	40～80	(1) 引入“柔性履约”机制（允许预支配额）； (2) 推动长三角区域碳市场协同

续表 6-4

试点省市	覆盖行业	配额分配方法	交易产品	参与主体	碳价范围/(元·t^{-1})	补充机制与特色
广东	电力、钢铁、石化、水泥、航空、造纸	基准线法为主（分机组类型）	碳排放配额（GDEA）、CCER、碳期权（试点）	企业、机构（需审批）	60~90	（1）有偿拍卖比例最高（10%）；（2）率先探索碳金融衍生品（如碳配额抵押贷款）
深圳	电力、水务、交通、建筑、制造业	混合模式（工业基准线+其他历史法）	碳排放配额（SZEA）、CCER、碳债券、碳基金	企业、机构、个人（完全开放）	30~70	（1）全国唯一覆盖公共交通（地铁、公交）；（2）首创“碳市场+碳普惠”双轨制
天津	电力、钢铁、化工、石化、油气开采	历史法为主	碳排放配额（TJEA）、CCER	企业（仅控排单位）	20~50	（1）配额分配100%免费；（2）建立碳排放联合履约机制（园区内企业可协作减排）
湖北	电力、钢铁、化工、水泥、汽车制造	基准线法（火电行业严格基准）	碳排放配额（HBEA）、CCER、碳信托	企业、机构（定向开放）	25~60	（1）针对水电大省特点，配额分配向清洁能源倾斜；（2）建立全国碳市场注册登记系统（湖北承担运营）
重庆	电力、电解铝、铁合金、化工、水泥	历史强度法（单位产品碳排放）	碳排放配额（CQEA）、CCER	企业（仅高耗能工业企业）	10~40	（1）聚焦高耗能资源型行业（电解铝、铁合金）；（2）允许跨年度配额结转（最长3年）请

6.5.4.1 补充说明

行业覆盖差异：深圳、北京覆盖范围最广，纳入交通、建筑和服务业，其他试点以工业为主；重庆、湖北聚焦本地特色产业（电解铝、汽车制造）。

交易产品创新：深圳、广东碳金融工具最丰富（碳债券、碳基金、期权）；北京、上海探索碳普惠和区域联动机制。

价格形成机制：北京、广东碳价较高（政策约束强、流动性较好）；天津、重庆碳价低迷（企业减排压力小、市场活跃度低）。

参与主体开放度：深圳、北京允许个人参与交易，其他试点仅限企业和机构；湖北承担全国碳市场基础设施运营（注册登记系统）。

6.5.4.2 特色机制

上海柔性履约、广东有偿拍卖、湖北水电协调机制、深圳碳普惠等均为全国碳市场提供试点经验。

6.5.5 中国碳市场运行效果

表6-5是中国7个碳排放权交易试点省市运行效果的对比分析，涵盖减排成效、市场活跃度、政策执行及创新实践等方面。

表6-5 中国7个碳排放权交易试点运行效果的对比分析

试点省市	减排成效	市场活跃度	碳价/(元·t^{-1})	政策执行亮点	挑战与不足
北京	(1) 服务业碳排放强度下降15% (2013—2023)；(2) 公共建筑能效提升20%	高（年交易量约500万吨，机构与个人参与度高）	80~120	(1) 首创碳普惠机制，市民参与度高；(2) 高比例CCER抵消（10%）	(1) 中小型企业数据核查难度大；(2) 非履约期流动性波动大
上海	(1) 电力行业碳排放强度下降18%；(2) 航空业单位周转量碳排放降12%	较高（年交易量约400万吨，长三角区域协同增强流动性）	60~90	(1) 柔性配额机制缓解企业压力；(2) 推动跨区域碳市场合作	(1) 有偿拍卖推进缓慢；(2) 非工业领域覆盖有限
广东	(1) 电力行业减排量占全省总减排量30%；(2) 水泥行业能效提升10%	最高（年交易量超1000万吨，金融衍生品活跃）	70~100	(1) 有偿拍卖比例最高（10%）；(2) 碳金融创新领先（期权、质押贷款）	(1) 配额分配偏松导致初期减排激励不足；(2) 工业增长与总量控制矛盾
深圳	(1) 公共交通碳排放下降25%；(2) 建筑领域单位面积碳排放降18%	中等（年交易量约300万吨，个人参与度高但企业规模小）	50~80	(1) 唯一覆盖交通与建筑领域；(2) 碳债券、碳基金拓宽融资渠道	(1) 中小企业履约成本高；(2) 碳价受政策干预明显
天津	(1) 钢铁行业碳排放强度下降10%；(2) 化工行业能效提升8%	低（年交易量不足100万吨，企业参与意愿弱）	20~40	(1) 100%免费配额降低企业负担；(2) 园区联合减排机制促进协作	(1) 市场流动性极低；(2) 缺乏有偿分配机制，减排动力不足

续表 6-5

试点省市	减排成效	市场活跃度	碳价/(元·t^{-1})	政策执行亮点	挑战与不足
湖北	(1) 火电行业碳排放强度下降 22%; (2) 水电占比提升至 75%(间接减排)	中等(年交易量约 200 万吨，全国登记系统提升影响力)	30 ~ 60	(1) 水电与火电配额差异化设计; (2) 全国碳市场基础设施运营经验	(1) 重工业依赖度高，转型压力大; (2) 碳金融工具创新有限
重庆	(1) 电解铝单位产品碳排放降 12%; (2) 铁合金行业能效提升 7%	最低(年交易量不足 50 万吨，市场冷清)	15 ~ 35	(1) 高耗能行业精准控排; (2) 配额跨年结转机制灵活	(1) 碳价长期低迷，市场失灵; (2) 数据透明度低，核查难度大

6.5.5.1　关键运行效果总结

A　减排成效分化

成效显著：北京（服务业）、广东（电力）、湖北（火电）通过严格配额与行业基准线实现显著减排。

进展有限：天津、重庆因配额宽松、碳价低迷，企业依赖免费配额，减排动力不足。

B　市场流动性差异

活跃市场：广东、北京、上海凭借金融创新和多元主体参与，交易量占试点总和的 70% 以上。

低效市场：天津、重庆因企业数量少、政策激励弱，交易量常年垫底。

C　碳价发现机制

有效定价：广东、北京碳价反映真实减排成本（70 ~ 120 元/t），接近欧盟碳价（折算后）。

政策干预明显：深圳、天津通过政府调控稳定碳价，但削弱市场信号作用。

D　政策创新贡献

机制突破：广东有偿拍卖、上海柔性履约、湖北水电配额设计为全国市场提供模板；深圳碳普惠、北京个人参与机制推动公众减排意识。

金融工具：碳债券（深圳）、碳期权（广东）、碳质押（北京）探索融资新模式。

E　数据与监管挑战

共性问题：中小企业数据质量低、第三方核查能力不足（尤其重庆、天津）。

地方保护：部分试点为减轻企业负担，配额分配偏松（如天津连续多年 100% 免费配额）。

6.5.5.2 对全国碳市场的启示

行业扩容：借鉴深圳、北京经验，逐步纳入交通、建筑等高排放服务业。

配额分配：推广广东基准线法，结合湖北水电行业差异化设计。

金融创新：试点碳期货（借鉴广东期权）、扩大 CCER 抵消范围（参考北京）。

区域协同：以上海长三角合作为范本，探索跨省碳市场联动。

数据治理：建立统一 MRV 标准，严控数据造假（如湖北全国登记系统经验）。

6.5.5.3 未来优化方向

增强市场流动性：向机构和个人开放全国市场，引入做市商制度。

强化有偿分配：提高拍卖比例（如上海计划升至20%），倒逼企业减排。

衔接国际规则：参考欧盟 CBAM，完善出口型企业碳成本核算机制。

科技赋能：利用区块链提升碳排放数据透明度（如深圳试点）。

通过七年试点，中国碳市场形成了“地方创新-全国推广”的独特路径，但需解决数据质量、流动性不足等瓶颈，以实现从“政策驱动”向“市场驱动”的转型。

7　碳捕获和存储（CCS）技术

7.1　碳捕获和存储技术研究进展

7.1.1　简介

政府间气候变化专门委员会（IPCC）在第三次评估报告中指出，地球气候正经历一次以全球变暖为主要特征的显著变化，这一气候变化的发生是与大气中温室气体的增加所产生的自然温室效应紧密联系的。CO_2 是其中对气候变化影响最大的气体，它产生的增温效应占所有温室气体总增温效应的 63%，且在大气中的留存期最长，可达到 200 年。

一系列的研究表明，全球气候变化对自然生态系统造成重大影响，进而威胁到人类社会的生存和发展。为了应对气候变化可能带来的不利影响，20 世纪 80 年代末以来，国际社会对气候变化问题给予了极大的关注和努力。1992 年通过的《联合国气候变化框架公约》(以下简称《公约》) 表达了国际社会应对气候变化挑战的行动意愿，是为解决气候变化问题建立的基本国际政治和法律框架。1997 年通过的《京都议定书》(以下简称《议定书》) 规定了 2008—2012 年全球减少排放温室气体的具体目标，提出了发达国家减少温室气体排放的量化指标，该议定书已于 2005 年 2 月 16 日正式生效。

为了尽可能减少以二氧化碳（CO_2）为主的温室气体排放，减缓全球气候变化趋势，人类正在通过持续不断的研究以及国家间合作，从技术、经济、政策、法律等层面探寻长期有效的解决途径。近年来兴起的二氧化碳捕获与封存（CCS）技术成为研究的热点和国际社会减少温室气体排放的重要策略。

7.1.2　碳捕获和存储的科学和方法学问题

碳捕获和存储的种类很多，以下主要介绍地质碳捕获和存储（包括陆地地质结构和海底以下地质结构）及海洋碳捕获和存储。海洋碳捕获和存储主要有两种方式：一是将 CO_2 通过固定管道或移动船舶注入或溶解到水柱中（通常在地下 1 km）；二是通过固定管道或离岸平台将其存放在深于 3 km 的海底。海洋碳捕获和存储及其生态影响仍处于研究阶段，因此国际社会推动的只是地质碳捕获和存储。

另外，地质碳捕获和存储与陆地、海洋生态系统的固碳是不同的，陆地、海洋生态系统对 CO_2 的吸收是一种自然碳捕获和存储过程。陆地和海洋植物在生长过程中，需要利用 CO_2 合成有机物，它们能够在一定的浓度范围内吸收 CO_2。

7.1.3 碳捕获和存储（CCS）

地下是地球最大的碳接收器，世界上绝大部分的碳都贮藏在这里，如煤、油、煤气、有机页岩、石灰石和白云石。作为地球外壳内一种自然过程，CO_2 的地质存储已进行了数亿年。生物行为、点火行为和岩石与流体间化学反应形成的 CO_2 已被捕获，并在自然界的地下环境中以碳酸盐矿物形式、溶液形式、气体或超临界形式存储。

在工程上 CO_2 被注入地下地质岩层，首先于 20 世纪 70 年代初在美国得克萨斯州被采用，其目的主要是作为 EOR（提高石油采集率）的一部分。之后，人为 CO_2 的地质存储，也在 70 年代首先作为温室气体减排可选方案被提出，但随后的研究工作很少，直到 20 世纪 90 年代初，通过一些个人和研究小组的工作，这种概念才得到认可。

第一，目前 CO_2 地质存储方案取得了一定的进展，示范性和商业性项目初步取得了成功，技术可信度的水平有了提高；第二，在认识上有了共识，人们已经普遍认可要促使 CO_2 减排，需要采取多种途径；第三，地质存储能够使我们大大减少 CO_2 向大气的排放。但是，这种可能性要变成现实，其技术必须是安全的，在环保上要有持久性，其成本可以接受，并能够被广泛应用。

7.1.3.1 碳捕获和存储的主要机理

碳捕获和存储技术主要由三个环节构成：

（1）CO_2 的捕获，是指将 CO_2 从化石燃料燃烧产生的烟气中分离出来，并将其压缩至一定压力。

（2）CO_2 的运输，是指将分离并压缩后的 CO_2 通过管道或运输工具运至存储地。

（3）CO_2 的存储，是指将运抵存储地的 CO_2 注入到诸如地下盐水层、废弃油气田、煤矿等地质结构层或者深海海底或海洋水柱或海床以下的地质结构中。

7.1.3.2 碳捕获

对于大量分散型的 CO_2 排放源难以实现碳的收集，因此碳捕获的主要目标是像化石燃料电厂、钢铁厂、水泥厂、炼油厂、合成氨厂等 CO_2 的集中排放源。针对电厂排放 CO_2 的捕获分离系统主要有三类：燃烧后系统、富氧燃烧系统以及燃烧前系统。

燃烧后捕获与分离主要是烟气中 CO_2 与 N_2 的分离。化学溶剂吸收法是当前最好的燃烧后 CO_2 收集法，具有较高的捕集效率和选择性，而能源消耗和收集成本较低。除了化学溶剂吸收法，还有吸附法、膜分离等方法。化学吸收法是利用碱性溶液与酸性气体之间的可逆化学反应。由于燃煤烟气中不仅含有 CO_2、N_2、O_2 和 H_2O，还含有 SO_x、NO_x、尘埃、HCl、HF 等污染物。杂质的存在会增加捕获与分离的成本，因此烟气进入吸收塔之前，需要进行预处理，包括水洗冷却、除水、静电除尘、脱硫与脱硝等。烟气在预处理后进入吸收塔，吸收塔温度保持在 40 ~ 60 ℃，CO_2 被吸收剂吸收，通常用的溶剂是胺吸收剂（如乙醇胺 MEA）。然后，烟气进入一个水洗容器以平衡系统中的水分并除去气体中的溶剂液滴与溶剂蒸汽，之后离开吸收塔。吸收了 CO_2 的富溶剂经热交换器被抽到再生塔的顶端，吸收剂在温度 100 ~ 140 ℃和比大气压略高的压力下得到再生。水蒸气经过凝结器返回再生塔，而 CO_2 离开再生塔。再生碱溶剂通过热交换器和冷却器后被抽运回吸收塔。

富氧燃烧系统是用纯氧或富氧代替空气作为化石燃料燃烧的介质。燃烧产物主要是 CO_2 和水蒸气，另外还有多余的氧气以保证燃烧完全，以及燃料中所有组成成分的氧化产物、燃料或泄漏进入系统空气中的惰性成分等。经过冷却水蒸气冷凝后，烟气中 CO_2 含量在 80% ~ 98% 之间，这样高浓度的 CO_2 经过压缩、干燥和进一步的净化可进入管道进行存储。CO_2 在高密度超临界下通过管道运输，其中的惰性气体含量需要降低至较低值以避免增加 CO_2 的临界压力而可能造成管道中的两相流，其中的酸性气体成分也需要去除。此外，CO_2 需要经过干燥以防止在管道中出现水凝结和腐蚀，并允许使用常规的碳钢材料。在富氧燃烧系统中，由于 CO_2 浓度较高，因此捕获分离的成本较低，但是供给的富氧成本较高。目前氧气的生产主要通过空气分离方法，包括使用聚合膜、变压吸附和低温蒸馏。

燃烧前捕获系统主要有两个阶段的反应：首先化石燃料先同氧气或者蒸汽反应，产生以 CO_2 和 H_2 为主的混合气体（称为合成气），其中与蒸汽的反应称为“蒸汽重整”，需在高温下进行；对于液体或气体燃料与 O_2 的反应称为“部分氧化”，对于固体燃料与氧的反应称为“气化”。其次，待合成气冷却后，再经过蒸汽转化反应，使合成气中的 CO 转化为 CO_2，并产生更多的 H_2。最后，将 H_2 从 CO_2 与 H_2 的混合气中分离，干燥的混合气中 CO_2 的含量可达 15% ~ 60%，总压力 2 ~ 7 MPa。CO_2 从混合气体中分离并捕获和存储，H_2 被用作燃气联合循环的燃料送入燃气轮机，进行燃气轮机与蒸汽轮机联合循环发电。

这一过程也就是考虑碳的捕获和存储的煤气化联合循环发电（IGCC）。从 CO_2 和 H_2 的混合气中分离 CO_2 的方法包括：变压吸附、化学吸收（通过化学反应从混合气中去除 CO_2，并在减压与加热情况下发生可逆反应，同从燃烧后烟道气中分离 CO_2 类似）、物理吸收（常用于具有高的 CO_2 分压或高的总压的混合气分离）、膜分离（聚合物膜、陶瓷膜）等。

7.1.3.3　运输

输送大量 CO_2 的最经济方法是通过管道运输。

管道运输的成本主要由三部分组成：基建费用、运行维护成本，以及其他的如设计、保险等费用。特殊的地理条件，如人口稠密区等对成本有很大影响。陆上管道要比同样规模的海上管道成本高出40%~70%。由于管道运输是成熟的技术，因此其成本的下降空间预计不大。对于250 km的运距，管道运输的成本一般为1~8美元/tCO_2。当运输距离较长时，船运将具有竞争力，船运的成本与运距的关系极大。当输送 5×10^6 t CO_2、运距为500 km时，船运成本为10~30美元/tCO_2［或5~15美元/(tCO_2·250 km)］。当输送同样的 CO_2，运距增加到1500 km时，船运成本将降到20~35美元/tCO_2［或3.5~6.0美元/(tCO_2·250 km)］，与管道运输的成本相当。

7.1.3.4　地质存储

CO_2 的地质存储包括在废弃油/气中的存储、用于强化开采油的碳存储、在煤层中的碳存储以及在盐水层中的碳存储。

地下地质岩层由颗粒（如石英）或矿石（如碳酸钙）组成。在颗粒或矿石之间孔隙性空间充有流体（如水、油、气），开口的断层和洞穴也会充满流体。向浸透性岩层的孔隙性空间和断层注入的 CO_2 能够替代原有位置的流体，或者 CO_2 可以溶解在流体中，或者与矿石颗粒发生反应，或可能出现这些过程中的某些组合。用泵向井下注入 CO_2，通过在井底部的凿孔或筛子使 CO_2 进入岩层。凿孔或筛子的间隔距离通常是在10~100 m的量级，这取决于岩层的可渗透性和厚度。CO_2 的注入会提高井附近岩层的压力，从而使 CO_2 进入该岩层原先由岩层流体占据的孔隙性空间。在岩层内建立的压力大小和空间分布取决于注入岩层的可渗透性和厚度，其中是否有影响渗透性的屏障以及区域水文地质系统的几何大小等。一旦注入该岩层，有下列主要的流动和输运机理将影响 CO_2 的输送：

（1）流体流动（移动）与注入过程产生的压力梯度的关系。

（2）流体流动与自然水压梯度的关系。

（3）CO_2 和岩层流体之间密度差引起的浮力。

（4）扩散。岩层不均匀性和 CO_2 与岩层流体之间的迁移率差异引起的弥散和触碰，在岩层流体中的溶解。

（5）矿化。

（6）CO_2 吸附。

当 CO_2 注入到一个气贮藏库时，会形成由天然气和 CO_2 组成的单一流体相。

当 CO_2 注入深盐水层时，也许是一种流体相，或是一种超临界的密相流化床，它在水中是不混合的。CO_2 注入到油贮藏库时，也许是易混合的，也许是不易混合的，这取决于油的组成和系统的热力学状态。当 CO_2 注入到煤层时，发生的过程更为复杂，不仅涉及上面列出的过程，还有气体的吸附和解吸的问题，特别是对于先前在煤上吸附的甲烷，还有煤本身的肿胀或收缩问题。浮力会造成流体在岩层中垂直流动，浮力大小与岩层内流体的类型有关。在盐水层，CO_2 和岩层水之间有较大的密度差，会产生很强的浮力，使 CO_2 向上移动。在气贮藏库，密度差不大，因而浮力不在气贮藏库，会出现相反的情况；由于 CO_2 的密度比天然气大，CO_2 会在浮力作用下向下移动。在盐水层和油贮藏库，由于浮力的驱动，注入的 CO_2 会向上移动到盖岩基础的最高点。不过，注入的 CO_2 不会均匀移动。CO_2 通过岩石基体后，其形状强烈地受岩层非均匀性的影响。存储岩层内出现低渗透层有利于抵消浮力效应，从而防止 CO_2 迅速向上移动。

当 CO_2 移动通过岩层时，会有一部分 CO_2 溶解在岩层水中。在开放式的流体系统中，按贮藏库规模的数值模拟表明，注入的 CO_2 在几十年内会有很大一部分（可高达 30%）溶解在岩层水中。如果注入的 CO_2 包在一个封闭的结构（如贮藏库）中，因为与非饱和的岩层水接触变少了，完全溶解 CO_2 将需要更长的时间。一旦 CO_2 溶解在岩层的流体中，CO_2 就会按区域水力梯度沿着区域地下水移动。对于低渗透性和高盐分的深层沉积性盆地，地下水流动速度是很低的，典型的只有每年数厘米的量级。因此，溶解 CO_2 的移动速率比单相 CO_2 的移动速率低得多。

在 CO_2 移动通过岩层时，会有一些 CO_2 因毛细作用力而滞留在孔隙性空间中，这种现象通常称为“残留气体的捕获”，它可以使一定量的 CO_2 固定不动。当捕获程度高并且 CO_2 被注入到厚岩层的底部时，所有的 CO_2 都可以通过这种机理被捕获，甚至在达到盖岩（岩层顶部）以前，“残留气体饱和值”是与岩层密切相关的。对于许多典型的存储岩层，残留气体饱和值可以高达 15%~25%。随着时间的推移，所捕获的大部分 CO_2 可以溶解在岩层水中。除了 CO_2 在岩层水中溶解之外，CO_2 还会有进一步的发生地球化学反应。

地质存储的有效性与物理和地球化学捕获机理有关。最有效的存储场址是 CO_2 不移动的场址，它被永久地捕获在厚厚的低渗透性的密封层内，或者 CO_2 转换成固态的矿石或被吸附在煤微孔的表面。某些存储场址可以通过物理和化学捕获相结合得到合适的存储效率。在密封的岩层（如低渗透性的页岩、盐层等）下的物理捕获是地质存储 CO_2 的基本手段，有许多沉积性盆地已经关闭，在物理上是受约束的圈闭（trap）或是构筑物；某些圈闭已被油和气占据，余下的圈闭被盐水占据。在沉积性盆地内有各种类型的物理圈闭，最为普通的是两种：地层性圈闭和结构性圈闭。这两种圈闭都适宜 CO_2 的存储，但是必须小心处理，贮藏库不能过压，不使盖岩产生断裂，不使现有的断层成为活动断层。地下的 CO_2 可能同岩石发生一系列的地球化学相互作用，从而进一步增加存储容量和效率。首先，当 CO_2 溶解在岩层水中时，会出现通常称为溶解捕获的过程。其次，将形成离子形式，出现称为离子捕获的过程，随着 pH 值的提高，许多岩石会溶解。最后，有一些可能转化成稳态的碳酸盐矿物相，这一过程称为矿物捕获，是最持久的地质存储形式。矿物捕获是比较慢的，可能要上千年或者更长。尽管如此，矿物存储的持久性，连同在某些地质环境下可能出现大的存储容量，是长期存储所需要的特性。在合适的岩层、没有明显泄漏途径或没有开口的裂缝或断层情况下，注入的 CO_2 可以持留很长的时间；由于多重捕获机理的共同作用，随着时间的推移，CO_2 的移动性将越来越小，泄漏的可能性将减少。只要给出合适的操作程序，在一个合适的、有良好特性的地质岩层中存储的 CO_2 将能够存储数百万年。

7.1.4 CCS 技术进展

CCS 技术是指将 CO_2 从相关排放燃烧源捕获并分离出来，输送到油气田、海洋等地点进行长期封存，从而阻止或显著减少 CO_2 向大气中排放。目前，处于研究阶段、工业试验或工业化应用的封存场所主要有深度含盐水层、枯竭或开采到后期的油气田、不可采的贫瘠煤层和海洋。随着全球面临的气候问题日益严峻，各国政府非常重视对 CCS 技术研究的支持。美国、欧盟、澳大利亚、加拿大、挪威等国家或政府间组织都制订了相应的研究规划，开展 CCS 技术的理论、试验、示范和应用研究，并且已经有了成功的实例。其中，美国走在世界最前列，针对 CCS 技术的科研规划和项目组织实施较为周密完善。美国于 2000 年开始由能源部主持正式开展 CO_2 封存研究和发展项目，将地质封存和海洋封存列为主要研究方向，并制订了详细的技术路线图。2005 年美国已开展了 25 个 CO_2 地下构造注入、储存与监测的现场试验，并已进入验证阶段。为加强国际合作，2003 年美国发起成立了“碳收集领导人论坛”，目前共有美国、加拿大、欧盟、英国、澳大利亚、日本、德国、挪威、巴西、意大利、印度、中国、哥伦比亚、墨西哥、俄罗斯、南非、法国等 22 个成员，共同组织开展理论与实验研究。

当前，国际上 CCS 技术研发关注的主要问题包括：CO_2 在地质封存系统中吸附和迁移的机理与规律；在地层中的相态及其变化规律、化学反应及固化条件；注入 CO_2 采油过程中的物理化学理论问题、复杂渗透流体力学原理、各类 CO_2 提高采收率（EOR）数值模拟基础模型；长距离管道运输 CO_2 的化学腐蚀机理与规律等。

7.1.5 我国 CCS 技术发展概况

我国于 1992 年 6 月和 1998 年 5 月分别签署了《联合国气候变化框架公约》

和《京都议定书》。作为发展中国家，我国近期不必承担减少或限制温室气体排放的义务。但我国 CO_2 排放总量大，目前已位居世界第二，仅次于美国。据有关专家初步估算，预计 2025—2030 年左右，我国 CO_2 排放量将超过 120 亿吨。2024 年，我国 CO_2 排放量呈现“先升后降、全年微增”的特点，总量约为 121 亿吨（波动区间 120.8 亿 ~ 121.5 亿吨），较 2023 年增长约 0.8%，成为世界第一大排放国。作为负责任的大国，我国政府高度重视气候变化与温室气体排放问题，政府也明确表示，在可持续发展的框架下，与国际社会一起，积极寻求应对气候变化的有效途径，并根据自己的能力和国情为减缓气候变化做出应尽的努力。

我国对 CCS 技术的发展给予了高度重视，CCS 技术作为前沿技术已被列入国家中长期科技发展规划；在科学技术部 2007 年的《中国应对气候变化科技专项行动》中，CCS 技术作为控制温室气体排放和减缓气候变化的技术重点被列入专项行动的四个主要活动领域之一。“十一五”期间，国家“863”计划也对发展 CCS 技术给予很大支持。2007 年 6 月国家发展和改革委员会公布的《中国应对气候变化国家方案》中强调重点开发 CO_2 的捕获和封存技术，并加强国际间气候变化技术的研发、应用与转让。

我国与国际社会一起积极开展了 CCS 技术研究与项目合作。2007 年启动了“中欧碳捕获与封存合作行动（COACH）”，12 个欧方机构和 8 个中方机构参与了 COACH 行动。2007 年 11 月 20 日，启动了“燃煤发电二氧化碳低排放英中合作项目”。2008 年 1 月 25 日，中联煤层气有限责任公司（以下简称中联煤）与加拿大百达门公司、香港环能国际控股公司签署了“深煤层注入/埋藏二氧化碳开采煤层气技术研究”项目合作协议。自 2002 年以来，中联煤和加拿大阿尔伯达研究院已在山西省沁水盆地南部合作，成功实施了浅部煤层的 CO_2 单井注入试验。中国石油天然气集团作为肩负经济、政治和社会责任的大型国企，为展现保护环境的良好社会形象，率先在国内开展了利用 CCS 技术提高油田采收率的研究与应用工作，于 2007 年 4 月启动了重大科技专项及资源综合利用研究。

7.1.6 小结

（1）CCS 技术是最具发展潜力的大规模 CO_2 减排技术，世界上许多国家和公司开展了相关的探索性研究与实践。随着技术的逐渐成熟，CCS 技术成本将进一步降低，应用前景广阔。

（2）通过将 CO_2 封存入油气田，既可减少 CO_2 排放，又可提高油气田采收率的 CCS-EOR 技术。近年来在世界范围内受到了广泛关注，许多国家和大型石油公司都开展了该技术的研究与应用。

（3）虽然近几年 CCS 技术发展很快，但从整体来看，该技术目前仍处于前期研究阶段，有关技术、经济、环境和立法方面的不确定性因素仍然存在，还存在可能的泄漏、技术难点、公众认知不够等问题，需要进一步地深入研究，距离真正大规模的实际应用仍需要相当长的时间。

（4）CCS 技术项目投资较大，而且在短期内投资难以回收，目前开展的一些项目都是由政府提供资金支持下的示范性项目。如果没有政府在立法和税收机制上的激励与优惠措施配套，CCS 技术就无法真正进入商业化应用阶段。

（5）CCS 技术的发展需要加强国际合作，尤其需要在技术、立法、经济等方面进行合作，联合国正在考虑将此类项目纳入《京都议定书》的 CDM 合作机制，以促进项目融资和技术推广应用，鼓励发达国家在发展中国家应用 CCS 技术，推进其发展。

（6）作为 CO_2 排放大国，我国积极参与温室气体减排行动，密切关注 CCS 技术进展，并着手开展了一些研究与实践工作，今后将在全球 CCS 活动中发挥更大的作用。

7.2 碳捕获与封存技术提出背景

政府间气候变化专门委员会（IPCC）在第三次评估报告中指出，地球气候正经历一次以全球变暖为主要特征的显著变化。这一气候变化的发生是与大气中温室气体的增加产生的自然温室效应紧密联系的。CO_2 是其中对气候变化影响最大的气体，它产生的增温效应占所有温室气体总增温效应的 63%，且在大气中的留存期最长，可达到 200 年。一系列的研究表明，全球气候变化对自然生态系统造成重大影响，进而威胁到人类社会的生存和发展。

为了应对气候变化可能带来的不利影响，20 世纪 80 年代末以来，国际社会对气候变化问题给予了极大的关注和努力。1992 年通过的《联合国气候变化框架公约》表达了国际社会应对气候变化挑战的行动意愿，是为解决气候变化问题建立的基本国际政治和法律框架。1997 年通过的《京都议定书》规定了 2008—2012 年全球减少排放温室气体的具体目标，提出了发达国家减少温室气体排放的量化指标，该议定书已于 2005 年 2 月 16 日正式生效。

为减少温室气体的排放，世界各国均采取了一系列措施。根据主要发达国家缔约方在国家信息通报中提到的温室气体减排政策和措施包括：通过市场机制（如税收、法规）等提高能源效率，促进可再生能源的开发和技术推广，制定能源效率的标准，在各种终端用能部门制定自愿或强制政策、采取补贴、技术更新、管理等措施，减少甲烷和氧化亚氮的排放、与工业部门达成协议或研究替代、回收的其他温室气体（如 HFCs）减排措施等。但按照目前的情况看，要实现议定书规定的目标仍是非常困难的。

在未来几个世纪，预计能源使用和消耗将进一步增加。2023 年全球能源消费量估计为 208.7 亿吨标准煤，同比增长 1.7%，较上年提高 0.5 个百分点。其中，亚太地区是全球能源增长的主要驱动力量，2023 年亚太地区能源消费量达到 96.6 亿吨标准煤，同比增长 2.7%，贡献了全球增量的 72.6%。对全球化石燃料排放的 CO_2，无论是天然气、煤炭还是石油，CO_2 的排放都呈上升态势。因此，国际社会对化石燃料的长期依赖迫使各国需要寻求其他的减排方法。以美国为首的一些国家认为，碳捕获和存储技术将是可选择的方案之一。

7.3　碳捕获与封存技术的基本概况

7.3.1　碳捕获与封存技术简述

碳捕获和封存（简称“CCS”）是一种将工业和能源排放源产生的 CO_2 进行收集、运输并安全存储到某处，使其长期与大气隔离的过程。CCS 主要由捕获、运输、封存三个环节组成。

7.3.1.1　捕获

CO_2 的捕获，是指将 CO_2 从化石燃料燃烧产生的烟气中分离出来，并将其压缩的过程。对于大量分散型的 CO_2 排放源难以实现碳的收集，碳捕获的主要目标是化石燃料电厂、钢铁厂、水泥厂、炼油厂、合成氨厂等 CO_2 的集中排放源。目前，针对化石燃料电厂的捕获分离系统主要有三种，燃烧后捕获系统、燃烧前捕获系统和氧化燃料捕获系统。CO_2 捕获已经在一些工业应用中采用，马来西亚一家工厂采用化学吸附工艺，每年从燃气电厂的烟道气流中分离出 0.2×10^6 t 的 CO_2，用于尿素生产。美国北达科他州煤气化工厂采用物理溶剂工艺，每年从气流中分离出 3.3×10^6 t 的 CO_2，用于生产合成天然气，捕获的一部分 CO_2 用于加拿大的强化采油项目。

7.3.1.2　运输

CO_2 的运输，是指将分离并压缩后的 CO_2 通过管道或运输工具运至存储地。第一条长距离的 CO_2 输送管道于 20 世纪 70 年代初投入运行。在美国，有超过 2500 km 的 CO_2 输送管道，通过这些管道每年有大约 40×10^6 t 的 CO_2 被运输到得克萨斯州用于强化采油。

7.3.1.3　封存

CO_2 的存储，是指将运抵存储地的 CO_2 注入到如地下盐水层、废弃油气田、煤矿等地质结构层或者深海海底或海床以下的地质结构中。

这个过程涉及许多在石油和天然气开采和制造业中研发和普遍应用的技术，如用泵向井下注入 CO_2，并通过在井底部的凿孔或筛子使 CO_2 进入岩层。

此外，CO_2 回注油田可以提高采油率，在煤层中注入 CO_2 可以回收煤层气，这个过程也就是通常所说的强化采油（EOR）和强化采煤层气（ECBM）。目前有三个工业规模（大于 1×10^8 tCO_2/a）的项目在采用这种技术：北海的斯莱普内尔（Sleipner）项目、加拿大的韦本（Weyburn）项目和阿尔及利亚的萨拉赫（Salah）项目。

7.3.2　碳捕获技术简介

目前，主要有四种不同类型的碳收集与捕获系统：燃烧后分离（烟气分离）、燃料前分离（富氢燃气路线）、富氧燃烧和工业分离（化学循环燃烧）。

在选择捕获系统时，燃气流中 CO_2 浓度、燃气流压力以及燃料类型（固体还是气体）都是需要考虑的重要因素。四种不同类型的碳捕获技术特点和发展现状见表 7-1。

表 7-1　碳捕获技术特点和发展现状

CCS 捕获技术	技术特点	发展现状
工业分离	利用工业材料分离固碳，技术成熟，但应用有限	成熟市场
燃烧后分离	过程简单，但 CO_2 浓度低，化学吸收剂昂贵	技术可行
燃烧前分离	CO_2 浓度，分离容易，但过程复杂，成本较高	技术可行
富氧燃烧	CO_2 浓度高，但压力较小，步骤较多，供氧成本高	示范阶段

对于大量分散型的 CO_2 排放源难以实现碳的收集，因此碳捕获的主要目标是像化石燃料电厂、钢铁厂、水泥厂、炼油厂、合成氨厂等 CO_2 的集中排放源。

针对排放 CO_2 的捕获分离系统主要有三类：燃烧后系统、富氧燃烧系统以及燃烧前系统。

7.3.2.1　燃烧后系统介绍

燃烧后捕获与分离主要是烟气中 CO_2 与 N_2 的分离。化学溶剂吸收法是当前最好的燃烧后 CO_2 收集法，具有较高的捕集效率和选择性，但能源消耗和收集成本较低。除了化学溶剂吸收法，还有吸附法、膜分离等方法。

化学吸收法是利用碱性溶液与酸性气体之间的可逆化学反应。由于燃煤烟气中不仅含有 CO_2、N_2、O_2 和 H_2O，还含有 SO_x、NO_x、尘埃、HCl、HF 等污染物，杂质的存在会增加捕获与分离的成本，因此烟气进入吸收塔之前，需要进行预处理，包括水洗冷却、除水、静电除尘、脱硫与脱硝等。

烟气在预处理后进入吸收塔，吸收塔温度保持在 40 ~ 60 ℃，CO_2 被吸收剂吸收，通常用的溶剂是胺吸收剂（如一乙醇胺 MEA）。然后，烟气进入一个水洗容器以平衡系统中的水分并除去气体中的溶剂液滴与溶剂蒸汽，之后离开吸收塔。吸收了 CO_2 的富溶剂经由热交换器被抽到再生塔的顶端，吸收剂在温度 100 ~ 140 ℃和比大气压略高的压力下得到再生。水蒸气经过凝结器返回再生塔，而 CO_2 离开再生塔。再生碱溶剂通过热交换器和冷却器后被抽运回吸收塔。

7.3.2.2　富氧燃烧系统介绍

富氧燃烧系统是用纯氧或富氧代替空气作为化石燃料燃烧的介质。燃烧产物主要是 CO_2 和水蒸气，另外还有多余的氧气以保证燃烧完全，以及燃料中所有组成成分的氧化产物、燃料或泄漏进入系统空气中的惰性成分等。经过水蒸气冷凝后，烟气中 CO_2 含量在 80% ~ 98% 之间，这样高浓度的 CO_2 经过压缩、干燥和进一步的净化可进入管道进行存储。CO_2 在高密度超临界下通过管道运输，其中的惰性气体含量需要降低至较低值以避免增加 CO_2 的临界压力而可能造成管道中的两相流，其中的酸性气体成分也需要去除。此外，CO_2 需要经过干燥以防止在管道中出现水凝结和腐蚀，并允许使用常规的碳钢材料。

在富氧燃烧系统中，由于 CO_2 浓度较高，因此捕获分离的成本较低，但是供给的富氧成本较高。目前氧气的生产主要通过空气分离方法，包括使用聚合膜、变压吸附和低温蒸馏。

7.3.2.3　燃烧前系统介绍

燃烧前系统主要有两个阶段的反应。

首先，化石燃料先同氧气或者蒸汽反应，产生以 CO 和 H_2 为主的混合气体（称为“合成气”），其中与蒸汽的反应称为“蒸汽重整”，需在高温下进行；对于液体或气体燃料与 O_2 的反应称为“部分氧化”，对于固体燃料与氧的反应称为“气化”。待合成气冷却后，再经过蒸汽转化反应，使合成气中的 CO 转化为 CO_2，并产生更多的 H_2。最后，将 H_2 从 CO_2 与 H_2 的混合气中分离，干燥的混合气中 CO_2 含量可达 15% ~ 60%，总压力 2 ~ 7 MPa。CO_2 从混合气体中分离并捕获和存储，H_2 被用作燃气联合循环的燃料送入燃气轮机，进行燃气轮机与蒸汽轮机联合循环发电。

这一过程也就是考虑碳的捕获和存储的煤气化联合循环发电（IGCC）。从 CO_2 和 H_2 的混合气中分离 CO_2 的方法包括：变压吸附、化学吸收（通过化学反应从混合气中去除 CO_2，并在减压与加热情况下发生可逆反应，同从燃烧后烟道气中分离 CO_2 类似）、物理吸收（常用于具有高的 CO_2 分压或高的总压混合气的分离）、膜分离（聚合物膜、陶瓷膜）等。

7.3.3 碳运输技术简介

在 CO_2 运输方面，目前最可行的办法是利用管道输送。

管道是一种已成熟的市场技术，将气态的 CO_2 进行压缩可以提高密度，从而可降低运输成本，也可以利用绝缘罐将液态 CO_2 装在罐车中进行运输。在某些情况下，使用船舶运输 CO_2 从经济角度讲更具有吸引力，尤其是需要长途运输或需将 CO_2 运至海外时，由于这种情况需求有限，故而目前运输规模较小。在技术上，公路和铁路罐车也是切实可行的方案。然而，除小规模运输之外，与管道和船舶相比这类运输系统则不经济，不大可能用于大规模运输。

目前，美国等国家在管道运输技术方面已很成熟，需要解决的问题是如何降低运输成本。

运输成本主要取决于管道长度和管道直径，由于捕获（包括压缩）成本非常高，使得运输成本在整个成本中所占比例较低，因此只要捕获和封存成本较低，或为了获得其他一些收益（如提高油田采收率），许多国家不惜长距离运输的高成本远距离输送 CO_2。

例如，美国为提高原油采收率，采用远距离输送高压液态 CO_2，最长的输送管是绵羊山脉（Sheep Mountain）运输管道，它将南科罗拉多州的 CO_2 运至得克萨斯的二叠纪盆地，距离为 656 km。

7.3.4 碳封存技术简介

碳封存是指将捕获、压缩后的 CO_2 运输到指定地点进行长期封存的过程。目前，主要的封存方式有地质封存、海洋封存和碳酸盐矿石固存等。另外，一些工业流程也可在生产过程中利用和存储少量被捕获的 CO_2。

但是，从普通电厂排放、未经处理的烟道气仅含有 3%~16% 的 CO_2，可压缩性比纯的 CO_2 小得多；从燃煤电厂出来经过压缩的烟道气中 CO_2 含量也仅为 15%，在这样的条件下储存 1 t CO_2 大约需要 68 m^3 储存空间。因此，只有把 CO_2 从烟气里分离出来，才能充分有效地对它进行地下处理。

在将 CO_2 封存到地下之后，为了防止 CO_2 泄漏和（或）迁移，需要密封整个存储空间。因此，选择一个合适的具有良好封闭性能的封存盖层也十分重要，它可以起到一个“盖子”的作用，以确保能把 CO_2 长期地封存在地下。

比较有效的办法是利用常规的地质圈闭构造，它包括气田、油田和含水层。对于前两种，由于它们是人类能源系统基础的一部分，人们已熟悉它们的构造和地质条件，所以利用它们来储存 CO_2 就比较便利和合算；含水层由于其非常普遍，因此在储存 CO_2 方面具有非常大的潜力。

根据碳封存地点和方式的不同，可将碳封存方式分为地质封存、海洋封存、碳酸盐矿石固存以及工业利用固存等。其中，每种封存方式又包括不同的具体技术，它们的发展现状见表 7-2。

表 7-2　碳封存技术应用现状

方　式	技　术	研究阶段	示范阶段	经济可行	成熟市场
地质封存	强化采油（EOR）				√
	天然气或石油层			√	
	盐沼池构造			√	
	提高煤层气（ECBM）		√		
海洋封存	直接注入（溶解型）	√			
	直接注入（湖泊型）	√			
碳酸盐矿石封存	天然硅酸盐矿石	√			
	废弃物料		√		
工业利用固存					√

7.3.5　碳的地质封存技术

碳的地质封存技术是直接将 CO_2 注入地下的地质构造中，如油田、天然气储层、含盐地层和不可采煤层等都适合 CO_2 的储存。

地质封存取决这些构造的物理和地球化学的俘获机理。CO_2 注入后，储层构造上方的大页岩和黏质岩起到了阻挡 CO_2 向上流动的物理俘获作用，这个不透水层称为“盖层”(caprock)。毛管力提供的其他物理俘获作用可将 CO_2 留在储层构造的孔隙中。然而，在许多情况下，储层构造的一侧或多侧保持开口，以便于 CO_2 在盖层下侧向流动。随着 CO_2 与现场流体和寄岩发生化学反应，地质化学俘获机理开始发挥作用。如果 CO_2 在现场水中溶解（一般是在几百年乃至几千年内），充满 CO_2 的水密度越来越高，因此会沉伏于储层构造中而不是浮向地表。此外，溶解的 CO_2 与岩石中的矿物质发生化学反应形成离子类物质并转化为碳酸盐矿物质。与地质封存关联的另一种处理方式是 CO_2 的再利用，将 CO_2 注入正接近枯竭的油田以提高石油采收率。这种方案比较具有吸引力，因其能够从额外开采的石油中部分补偿 CO_2 的储存成本；缺点是这类油田的地理分布不均，且开采潜力有限。

不可采煤层也可用以储存 CO_2，因其可吸附于煤层表面，但是否可行则取决于煤床的渗透性。储存过程中会产生甲烷气体，并可加以开采利用，即煤层气回收增强技术（ECBM）。含盐地层中主要是高度矿化的盐水，并无利用价值，有时用于存放化学废弃物。盐碱含水层的主要优点是其巨大的储存容量，且地理分布较广，对 CO_2 的运输而言较为方便。但不像油田或煤层，在含盐地层中储存 CO_2 并不能产生任何有经济价值的副产品，无形中提高了储存成本。人们一直对这种构造中储存的 CO_2 是否会泄漏存有疑问，不过最近的研究表明，有几种吸附机理可使 CO_2 固定在盐层下，到 2005 年共有 3 个工业级的 CO_2 地质储存项目在运行之中。其中，挪威 Statoil 公司开发的 Sleipner 天然气田 CO_2 封存项目运行时间最长。该气田于 1996 年投产，位于北海，建有世界上第 1 个工业级 CO_2 捕获设施，处理方法是用醇胺溶剂从天然气中吸收二氧化碳并通过回注钻孔储存于深达 1000 m 海床下的含盐地层中，处理能力约为每天 2800 t；第 2 个，加拿大的 Weyburn 项目开始于 2000 年，是将美国北达科他州 Beulah 的大型煤气化装置中捕获的 CO_2 输送到加拿大 Saskatchewan 省东南部的 Weyburn 油田，用于增强采油，目前每年注入的 CO_2 约为 150 万吨；第 3 个是位于阿尔及利亚的 In Salah 项目，与 Sleipner 类似，也是将从天然气中分离的 CO_2 注入地下，年处理量约为 120 万吨。

地质封存是最有发展潜力的一种方案，据估算全球贮量至少可以达到 2000 Gt。

7.3.6 碳的海洋封存技术

由于 CO_2 可溶解于水，通过水体与大气的自然交换作用，海洋一直以来都在“默默”吸纳着人类活动产生的 CO_2，海洋中封存 CO_2 的潜力理论上说是无限的。但是，实际封存量仍取决于海洋与大气的平衡状况。模拟分析表明，注入海洋的 CO_2 将与大气隔绝至少几百年，注入越深，保留的数量和时间就越长。目前 CO_2 的海洋封存主要有两种方案：一种是通过船或管道将 CO_2 输送到封存地点，并注入 1000 m 以上深度的海中，使其自然溶解；另一种是将 CO_2 注入 3000 m 以上深度的海里，由于 CO_2 的密度大于海水，因此会在海底形成固态的 CO_2 水化物或液态的 CO_2“湖”，从而大大延缓了 CO_2 分解到环境中的过程。海洋封存尚未进入实际应用，也没有小规模的试点示范，仍然处在研究阶段。但是，有一些小规模的外场试验已开展了为期 25 年的 CO_2 海洋封存的理论、实验室和模拟研究。

对 CO_2 海洋封存的最大担忧来自其可能产生的环境影响，主要是对海洋生物的影响。根据一项为期数月的针对 CO_2 升高对海洋表面生物影响的试验研究结果，随着时间的推移，钙化的速度、繁殖、生长、周期性供氧及活动性放缓和死亡率上升，一些生物对 CO_2 的少量增加就会做出反应，在接近注入点或 CO_2 湖泊时预计会立刻死亡。

CO_2 浓度升高对深层带、深渊带、海底带生态系统可能产生的影响还缺乏充分的了解。尽管这些区域的生物相对稀少，但作用于其上的能量和化学效应还需要做更多的观察以发现潜在的问题。由于 CO_2 与水反应生成碳酸（H_2CO_3）会提高海水的酸性，为了加强封存效果，可以在封存地点溶解碱性矿物质，如石灰石等，以中和酸性的 CO_2。溶解的碳酸盐矿物质可以将封存时间延长到大约 10000 年，同时将海洋的 pH 值和 CO_2 分压的变化降至最低。然而，该方法需要大量石灰石和材料处理所需的能源。海洋封存的另一个问题是溶解的 CO_2 最终仍将回到大气中，因此这种方法看来并非是一劳永逸的。

7.3.7　碳的矿石碳化封存和工业利用

7.3.7.1　矿石碳化封存

矿石碳化是利用 CO_2 与金属氧化物发生反应生成稳定的碳酸盐，从而将 CO_2 永久性地固化起来。这些物质包括碱性和碱土氧化物，如氧化镁（MgO）和氧化钙（CaO）等，一般存在于天然形成的硅酸盐岩中，例如蛇纹岩和橄榄石。这些物质与 CO_2 化学反应后产生诸如碳酸镁（$MgCO_3$）和碳酸钙（$CaCO_3$，石灰石）。由于自然反应过程比较缓慢，因此需要对矿物作增强性预处理，这是非常耗能的。据推测，采用这种方式封存 CO_2 的发电厂要多消耗 60%～180% 的能源，并且由于受到技术上可开采的硅酸盐储量的限制，矿石碳化封存 CO_2 的潜力可能并不乐观。

7.3.7.2　工业利用

工业利用实质上是将 CO_2 作为反应物生产含碳化工产品，从而达到封存的目的。这些含碳化工产品包括尿素、甲醇的生产，也可应用于园艺、冷藏冷冻、食品包装、焊接、饮料和灭火材料等方面。据统计，目前全球的 CO_2 利用量是每年约 120×10^6 t（30×10^6 t C/a），其中大多数是用于生产尿素。从技术上看工业利用并不是一种理想的封存方案，因为在不同的工业流程，当 CO_2 的封存时间只有几天，最多几个月，然后会被再次降解为 CO_2，并排入大气。从总体来看这对减缓气候变化并没有实质上的贡献，而且在很多情况下反而会造成总体排放量的净增加。

7.4　碳捕获与封存技术的发展现状

现在，CCS 技术已受到国际科技和产业界的密切关注。由于其与现有能源系统基础构造的一致性，受能源资源条件限制较小，该技术尤其受到工业化国家的广泛关注与密切重视。美国、欧盟和加拿大等都制定了相应的技术研究规划，开展 CCS 技术的理论、试验、示范及应用研究。根据国际能源署的统计，截至目前，全世界共有碳捕获商业项目 131 个，捕获研发项目 42 个，地质埋存示范项目 20 个，地质埋存研发项目 61 个。其中，比较知名的有挪威 Sleipner 项目、加拿大 Weyburn 项目和阿尔及利亚 In Salah 项目等。

近年来，欧美国家又开始把火力发电厂排放的 CO_2 作为主要储存对象，并且进行地下储存的实验。2002 年 11 月开始，美国能源部在西维吉尼亚新港口美国电力能源公司（AEP）的山顶电厂开展利用地质学方法存储 CO_2 的研究项目；2003 年 2 月，欧盟委员会资助的“二氧化碳储存”研究项目在丹麦、德国、挪威与英国开展储存发电厂排放的 CO_2 储层性质的研究；目前，在示范项目方面，全球范围内已有几个 250 MW 规模的 IGCC 燃煤电厂建成。在 CCS 实验项目方面，2004 年 9 月 14 日在澳大利亚墨尔本召开的世界碳固存领导人论坛上，国际合作推动的 10 个实验改进技术项目得到确认，与会的国家对碳固存的国际合作均表示出浓厚的兴趣。

上述已经进行的项目和实验说明，CCS 技术是一项极具潜力的减少 CO_2 排放的前沿技术，该技术有可能在经济发展与环境保护两个方面实现双赢局面。因此，我国也应密切关注 CCS 技术的研究现状和最新进展，及早开展相关技术研究规划和理论、试验的示范与应用。

以美国为例，美国于 2000 年开始由美国能源部主持正式开展 CO_2 封存研究和发展项目，其中将地质封存和海洋封存列为主要研究领域，同时研究陆地生态系统（森林、土壤、植被等）对二氧化碳的隔离作用，并制订了详细的技术路线，见表 7-3。

表 7-3 美国地质封存技术路线

阶段	时间范围	主要内容与目标	关键进展与项目
研究与试验	2000 年之前	初步探索二氧化碳地质封存的可行性，开展基础理论研究和小规模试验	美国能源部（DOE）启动 CO_2 封存研究项目，重点关注地质封存和海洋封存
验证与示范	2000—2010 年	通过现场测试验证地质封存技术的安全性和有效性，开展中小规模示范项目	（1）实施“区域碳封存合作伙伴关系”（RCSP）计划，分为表征、验证和开发三个阶段； （2）完成 25 个 CO_2 地下构造注入、储存与监测的外场试验
技术优化	2010—2020 年	优化监测技术、风险评估工具和模型，推动大规模示范项目的部署	（1）开发智能监测系统（IMS），整合人工智能和机器学习技术； （2）实施多个大规模 CCUS 项目，如伊利诺伊州 ICCS 项目和得克萨斯州佩特拉诺瓦项目
商业化准备	2020—2035 年	推动地质封存技术的商业化部署，降低技术风险和成本，实现大规模应用	（1）发起“碳封存保障设施事业计划”（CarbonSAFE），目标封存量达 5000 万吨； （2）加强国际合作，支持全球 CCUS 项目
全面部署	2035 年之后	实现地质封存技术的全面商业化应用，支持美国碳中和目标的实现	（1）计划到 2035 年实现碳封存大规模商业部署的技术可行性； （2）持续优化技术，降低成本，扩大封存规模

2005 年，美国已开展了 25 个 CO_2 地下构造注入、储存与监测的外场试验，并已进入验证阶段。

7.5　CCS 技术对全球减缓碳排放的作用

IEA（international energy agency）应用能源技术展望模型，分析了 CCS 技术对全球未来碳减排的潜在作用。

在 50 USD/t 的碳税（以 CO_2 计）情景下，CCS 技术将于 2015 年开始得到应用，至 2020 年、2030 年、2050 年，约 2.3 Gt、8.5 Gt、18.1 Gt 的 CO_2 将分别被捕获并且埋存。到 2020 年、2030 年、2050 年，发电厂的捕获量将分别占所有 CO_2 捕获量的 53%、70%、80%，其余的捕获量来自燃料加工处理和制造业（比如合成氨、钢铁、水泥的生产）；使用 IGCC 或基于 IGCC 的多联产技术将在未来 CCS 技术的发展中发挥着举足轻重的作用，到 2030 年它们捕获 CO_2 的量将占据所有捕获量的一半。

应用 CCS 发电技术的发电量将从 2030 年的 27 EJ 增加到 2050 年的 60 EJ，如图 7-1 所示。到 2030 年、2050 年，考虑 CCS 技术的燃煤发电厂的发电量将分别占到 60%、69%，考虑碳收集与埋存的燃气发电厂的比例分别为 28%、23%；从 2025 年开始，基于 IGCC 的多联产技术将快速发展，其中 3/4 的合成燃料为氢；到 2050 年，这些多联产技术的 CO_2 捕获量将达到 10 Gt（其中 2/3 来自电、氢联产系统），占总捕获量的 54%。

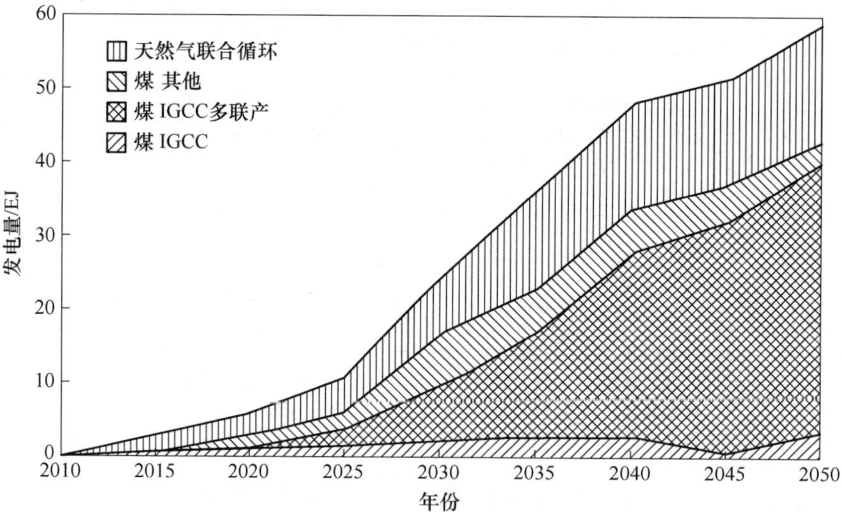

图 7-1　全球应用 CCS 发电技术的发电量变化

7.6 CCS 技术在中国应用的意义

我国是世界上煤炭生产和消费大国，由于石油和天然气资源有限，21 世纪的主要能源仍然是煤炭。

根据国家信息中心的预测，国内的石油生产能力在 2015 年前后达到高峰期，而天然气和可再生能源所占份额尽管会一直处于增长状态，但由于禀赋和成本所限，这两者所占份额之和也仍然很有限，不可能大规模地替代化石能源，因此煤炭仍将作为主要的化石燃料供给能源消耗。

根据我国的能源结构，按照现在的工业发展能力，要保持或提高生活水平，煤炭在相当长的一段时间内就必然要更多地用于满足不断增长的能源需求。因此，作为 CO_2 排放的第二大国，我国 CO_2 排放量超过美国只是时间问题。面临这种来自国际社会和国内发展的双重压力，以及这种能源发展态势和煤炭的严重污染，需要即刻开展相关重点研究并逐步实施一系列重大战略和重要技术，以此来减少 CO_2 排放而又不降低能源服务水平和人民生活水平。

首先，在战略上必须从国情出发，构建科学合理的能源环境经济一体化的能源资源利用系统，以此支撑我国经济和社会的发展；其次，在技术上要采取更积极的态度，将 CO_2 加以收集和压缩并储存到地下。

虽然截至目前，有关 CCS 的研究仍不完善，将其储于地下或深海将对环境产生何种以及何程度的影响仍未明晰，但值得肯定的是，随着研究的不断发展和边干边学效应的持续深入，CCS 技术必将日益成熟，也非常有可能成为未来各国实现减排目标最主要的方法。但是，利用 CCS 技术可捕获的 CO_2 源有很多，结合我国国情对 CCS 技术开展研究应从何入手呢？前述的很多中国学者已对此进行了一定程度的研究，共同的结论是工业生产和电力行业是主要的排放源。在电力行业中，又以煤炭、石油、天然气作为主要燃料的火力发电厂为排放量最大的部门。其中，火电、水泥、钢铁三类企业是主要排放源，排放量约占 91.7%，是最为主要的二氧化碳排放源。目前有关 CCS 技术的文献显示，关于 CCS 应用行业的相关研究中，定性研究多于定量分析，缺乏结合技术成本和捕获规模的详细定量研究。从实践的观点来看，CCS 项目必须同时满足技术可行和经济可行，技术可行意味着项目满足技术上的可操作性，经济可行意味着进行项目的成本有效。所以，一个可行的 CCS 项目除了必须选择固定排放源之外，还要在捕获规模和捕获成本两个方面具备可操作性。因此，结合捕获成本和捕获规模对 CCS 应用部门进行定量研究显得尤为必要。

综上所述，CCS 技术可能是一项应对能源和环境提出的严峻挑战的可选措施，也是一项应对气候变化的重大战略举措。在 CCS 技术应用的层面来讲，从电力行业和工业生产的烟道气中分离 CO_2 进行地下储存，是最为有效的途径。但是，关于 CCS 技术应用的具体部门还有待结合捕获规模和捕获成本进行定量研究。显而易见的是，火力发电厂由于排放量大，且易于分离和富集 CO_2，是应用 CCS 技术潜力最大的部门。

7.7　地质封存 CO_2 技术的详细介绍与资源化利用

7.7.1　利用 CO_2 封存提高煤层气采收率

利用 CO_2 提高煤层气采收率，即 CO_2—ECBMR。

煤层因其表面微孔隙具有不饱和能，易与非极性分子之间产生范德华力，从而具有吸附气体的能力，其天然状态下吸附的含甲烷（通常达 90%）、少量较重烃类、CO_2 和 N_2 的天然混合气体成为煤层气（CBM）。根据煤对 CO_2 和 CBM 吸附能力的差异，来实施 CO_2—ECBMR（CO_2—Enhanced Coal Bed Methane Recovery）。

由于 CO_2 比甲烷对煤具有更大的亲和力（一定温度和压力下，煤体表面吸附 CO_2 的能力大约是吸附甲烷能力的 2 倍），将 CO_2 注入煤层，CO_2 将吸附于煤层，而驱除出甲烷。除非温度升高或压力降低，CO_2 将不会因解吸而重返大气。煤层封存 CO_2 工艺示意图如图 7-2 所示。

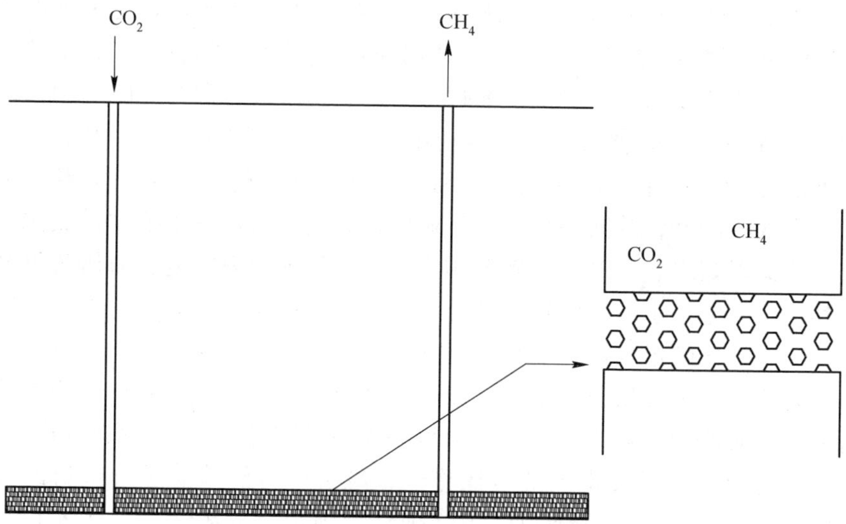

图 7-2　煤层封存 CO_2 工艺示意图

深部煤层对 CO_2 成功处置有 4 项基本条件，包括相对均质的煤储层、饱和气煤层埋藏于适当的深度（500～2000 m）、位于简单的构造带、在此处有非常高的渗透性。

为了防止封存后 CO_2 的逸出，CO_2—ECBMR 首先考虑难以开采的深层煤层，这部分煤层的埋深常超过 1500 m。

目前，国外已进行了若干深部不可采煤层处置 CO_2 的试验研究，如美国在 SanJuan 盆地的一个气田建立了全球第一个 CO_2—ECBMR 的试验项目，自 1996 年以来，已向 Fruitland 煤层注入了大于 100000 tCO_2。在 Alberta 正进行一项测试 ECBMR 产量的受控试验，区域性的评估项目在世界范围内广泛开展。2003 年，我国在沁水盆地开展了 CO_2 埋藏和 CO_2—ECBMR 技术研究的微型先导性试验，多井模拟结果表明，在 CO_2 注入期内单井 CH_4 平均产量为注入前产量的 2.8 ~ 15 倍；试验共注入 192.8 t 液态 CO_2，在注入后的重新生产初期 CO_2 产出量累计有 30 ~ 40 t。这些气体一部分来自井筒游离气，一部分为解吸气，大部分 CO_2 气体被封存在煤层之中。

7.7.2 地质封存 CO_2 的安全与监测技术

可靠、经济的监测手段是保证 CO_2 安全、有效封存的重要部分。

监测的目的有：追踪 CO_2 的位置、确保注入井和废弃井未发生泄漏、确定注入 CO_2 的封存量。另外，根据具体场地情况，还要通过监测来确保地下水和生态系统安全及民众健康。关于 CO_2 地质封存监测方法的研究和比较已开展很多，涉及工程设计、施工和环境安全评价的全过程。

目前陆地地质封存场地的地下和地表监测内容主要有：

（1）CO_2 注入速率、注入压力和地层压力监测。CO_2 注入速率监测、井口和地层压力的实时监测和控制技术已趋于成熟，监测数据还可用于反演现场尺度的水文地质参数和多相流参数、探测储层堵塞或渗透性增高等。

（2）井孔完整性监测。井的注入部分和止水带的完整性，可以通过连续监测环空中压力和气体组成来监测。压力和成分的变化可由压力传感器或红外分析仪迅速测得。通过水泥胶结测井的周期测量，确定套管与岩石之间的黏结状态。通过套管的泄漏或井孔的直接泄漏，可应用被动声波等手段进行监测。

（3）储层地球化学监测。地球化学方法可用于地下 CO_2 运移的直接监测和认识 CO_2 与储层流体和矿物间的反应，对流体样品的主要离子（如 Na、K、Ca、Mg、Mn、Cl、Si、HCO_3^-、SO_4^{2-} 等）、pH 值、碱度、稳定同位素、气体（如烃类、CO_2 及其同位素）进行分析；对酚类及其他有毒有机化合物进行分析；开展示踪研究，利用天然示踪剂（与注入 CO_2 相关的 C、O、H 同位素及稀有气体）或投放人工示踪剂（稀有气体、SF_6、全氟化碳等），绘制示踪剂响应曲线，分析 CO_2 运移方向、速率，研究多相流的渗透力学属性（饱和度、渗透率等）及其变化。

（4）深部 CO_2 运移的监测。地震方法是监测深部 CO_2 运移的常用工具，通过4-D 地震可考察 CO_2 的时空演化；或在 CO_2 注入前后，于注入井应用垂向地震剖面（VSP）方法，监测 CO_2 的运移和空间展布；于注入井和监测井应用井间地震方法，监测井间 CO_2 的空间分布，并根据监测结果获取 CO_2 饱和度的空间分布，地下深部 CO_2 的运移也可以通过测量监测井中孔隙流体变化的方法直接确定。

通过分析流体化学组成变化（如 pH 值、Alk、HCO_3^- 或 EC 等），判断 CO_2 是否到达监测井。

此外，CO_2 的取样和分析本身指示其为注入或天然来源，示踪剂注入可更精确地确定 CO_2 自注入到监测井的迁移路径和速率。

如上所述，示踪剂可为人工投放的气体，如全氟化碳或稀有气体，二者都具有很低的检出限。尤其是稀有气体，在岩石介质中可较 CO_2 运动更快，提供了 CO_2 迁移的近似路径。某些情况下，可由注入井和监测井实现 CO_2 垂向迁移的直接测量，在套管后不同深度上采集流体样品，可以实现目的部位的周期测试，取得的流体样品可进行 CO_2 和 CO_2 浓度升高所致流体化学组成变化的分析。

（5）匀浅部含水层监测。因毛细突破、机械突破和富含 CO_2 的流体与盖层、水泥反应导致的盖层、废井突破，咸水和 CO_2 将向浅部含水层泄漏，可应用地球化学指标、示踪气体浅部含水层。

（6）包气带和地表监测。确定 CO_2 自储层进入包气带，进而到达地表或仅地表环境的技术有很多。CO_2 在近地表环境中可以自由气体或溶解态存在，探测 CO_2 浓度增高的技术主要包括土壤气体监测和地表 CO_2 通量监测。

分析土壤水中主要离子（Na、K、HCO_3^- 等），碱度、pH 值，烃类气体、碳稳定同位素比，可以确定 CO_2 变化量和来源。此外，因 pH 值变化可造成铅、砷微量元素等的活化，这些微量元素的污染或可作为 CO_2 浓度升高的指示。土壤气体或集气箱中气体的分析和 CO_2 同位素分析有助于确定其来源，尤其是浅部生物来源的 CO_2 与化石来源的 CO_2 不同。与 CO_2 一并注入的人工示踪剂，如全氟化碳或稀有气体的检出限低，或可提供泄漏可能性的信息。地表 CO_2 通量监测主要应用地表集气箱和涡动相关通量仪，主要问题是天然（或部分人为）CO_2 背景通量较大，另一问题是需要合理设计取样节点网格以实现综合覆盖。

7.7.3　地质封存 CO_2 的空间类型与封存量分析

7.7.3.1　地质封存空间类型

CO_2 地质封存的原理是将 CO_2 压缩液注入地下封存空间中。可以利用的 CO_2 地下封存场所多种多样，其中最具潜力的 CO_2 地质储库（包括深部咸水层、枯竭油气藏和不可采煤层)，在陆上和沿海的沉积盆地中存在着大量合适的封存构造。

7.7.3.2 封存量评价

封存量是决定 CO_2 地下封存能否解决 21 世纪温室气体问题的关键参数之一。

尽管封存量计算是基于一套取决于封存机制的计算一定深度、温度和压力条件下，某一体积沉积岩中可用封存量的简单算法，当将其应用于某一特定地区或场地时却是复杂的。当捕获机制多样时，各捕获机制开始生效的时间尺度不同，以及 CO_2 以多种物理状态存在时，计算尤显复杂。这些参数都影响到 CO_2 地质封存的有效性，且常具有不同的演化方向。

地质背景、岩性和储层储集性能的高度变化，降低了封存量计算的可信度。封存量计算存在不同水平的不确定性。不同水平的估算需要来自多种学科的大量数据，并将其综合以获得有意义的结果。局域尺度最为精确的计算方法是通过构建地质模型进行储层模拟，但这需要大量的资金、时间和数据。Bradshaw 等将资源金字塔的概念引入 CO_2 地质封存量评价之中，从技术、经济角度对地质封存量的类型进行了以下划分。

理想封存量：假定整个储层的孔隙空间都可封存 CO_2，或储层中全部地层水可溶解 CO_2 至饱和，或整个煤层可吸附 CO_2 至最大量。理论封存量代表封存量计算的上限，但由于技术和经济限制，总有部分储层无法利用，因此是不能达到的。

现实封存量：评价中考虑地质和工程方面的一系列技术限制，如储层品位(孔隙率、渗透性)、盖层条件、封存深度、压力和应力场、储层和圈闭孔隙空间的大小、是否有其他利用价值（如油气、煤、水、地热能、矿产等)，计算可达一定精度，并且更具现实意义。

可行封存量：在现实封存量的基础上，考虑地质封存的经济、法律约束，本阶段进行详细的源/汇配置，使最好、最近的封存场地与最大的排放源匹配。源/汇配置不仅从地质和工程方面考虑，还包括场地选址的社会效应和环境效应，并给出成本曲线，评价数据的不确定性。根据可行封存量评价结果，可在区域尺度上给出年可持续注入量，而不仅是封存总量。

7.7.3.3 深部不可采煤层 CO_2 封存计算

封存量计算：在深部不可采煤层的 CO_2 封存能力计算中，做更多的假设，如渗透率、煤的密度、气含量、CO_2/CH_4 交换比。每个部分都包含公式和变量定义，以及相关假设和模型说明，CO_2 封存量计算和枯竭油气层的估算如下：

$$S_{CO_2} = P_{GIP} \times E_R \times \rho_{con}$$

$$P_{GIP} = GIP \times ACF \times RF$$

式中，S_{CO_2}为 CO_2 封存量；P_{GIP}为采出气在标准温度和压力下的体积；E_R 为 CO_2/CH_4 交换比；ρ_{con}为储层条件下 CO_2 的密度；GIP 为煤层气地质储量；RF 为采收率；ACF 为可采煤系数。

7.7.4　利用 CO_2 封存提高石油采收率工艺

将 CO_2 注入枯竭或开采到后期的油气采收工艺，即 CO_2—EOR（Enhanced Oil Recovery）。

CO_2—EOR 的机理如图 7-3 所示，高压条件下 CO_2 溶解于原油，可使原油体积膨胀、黏度降低，同时降低油水界面张力，或与碳酸岩基质反应导致储层渗透率增大，从而推动油气向生产井方向流动。

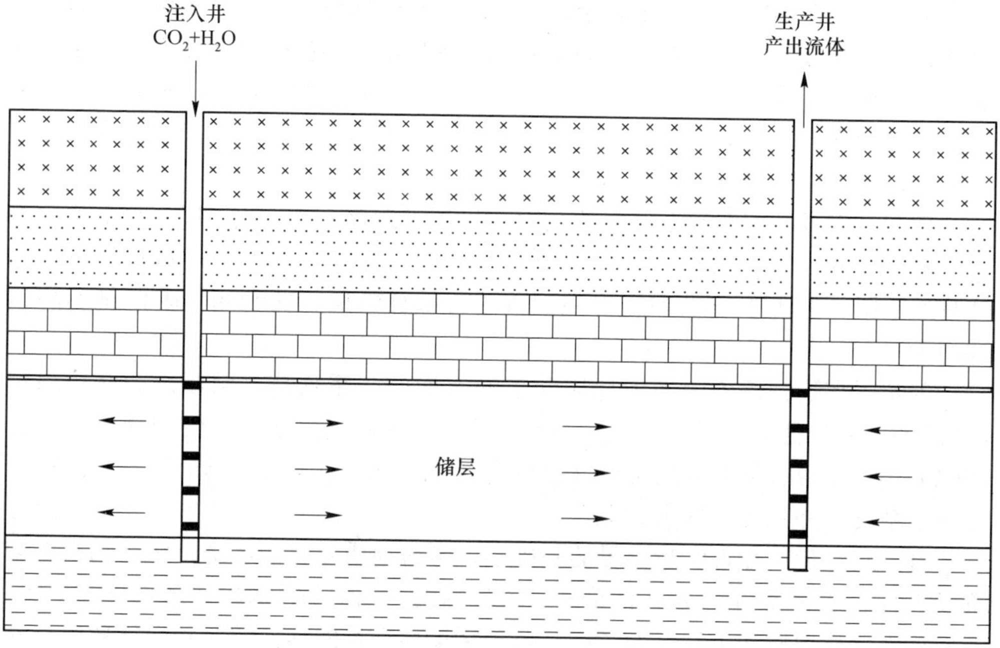

图 7-3　利用 CO_2 封存提高石油采收率工艺示意图

这一过程中，注入的大部分 CO_2 将溶解于未能被开采的原油中或贮存于地层孔隙中，只有少量 CO_2 随原油、水和天然气从生产井排出。应用 CO_2 提高采收率项目分为混相驱油和非混相驱油，CO_2 的封存量决定于储层的性质和 CO_2 提高采收率的数值。

EOR 实践始于 20 世纪 70 年代，现在世界上油藏中封存 CO_2 的 EOR 项目已达约 90 个，其中绝大部分在美国。中国的大庆油田、胜利油田及吉林油田等也开展过 CO_2—EOR 工作。中国石油天然气股份有限公司于 1999—2002 年在吉林新立油田开展了油田注入 CO_2 的小规模现场试验，探索 CO_2 在 EOR 中的应用，已在注入工艺、气水比、注采井工艺、CO_2 在油水中的溶解度、CO_2 与油黏度降低的关系等方面都取得了一些初步成果。

CO_2—EOR 能够从额外开采的石油中部分补偿 CO_2 的封存成本，因而较具吸引力；但缺点是与这类油田地理分布不均，且封存潜力有限。

7.7.5 利用 CO_2 封存提高含水层热量采收率

作为减缓气候变化的措施之一，有人提出了一种以 CO_2 替代水作为传热流体的新型 EGS（增强型地热系统），并可收到地质封存的 CO_2 效用。为此，研究了 CO_2 的热物理性质并进行了数值模拟，以探讨这种工程地热储层中的流体动力学和热传递问题。

研究表明，在裂隙介质中，CO_2 可较水从岩石中提取更多的热量。同时，CO_2 具有良好的水力学特性，由于其具有更大的压缩系数和膨胀率，使得浮力增加，从而降低流体循环系统的能耗。CO_2—EGS 在热和水力学方面具有优点，但在水岩相互作用方面存在不确定性，仍需进一步研究。目前，还没有关于 EGS 中 CO_2 质量流量因各种机制损失进入储层中比例的报道，损失比例应与具体 EGS 储层的渗透率、孔隙率、水化学和矿物组成有关。根据新墨西哥 FentonHin 的长期（近 1 年）水循环试验，水的损失为注入量的 7% ~ 12%，由此粗略估算 CO_2—EGS 中流体损失为注入量的 5%，CO_2 损失可估计为 1 年内 1000 MW；一个 1000 MW 大型燃煤电厂的 CO_2 排放量为 30000 t/d，也即一个 1000 MW 电力的 CO_2—EGS 可实现地质封存一个 3000 MW 燃煤电厂排放的 CO_2。

虽然这些估算很粗糙，但说明 CO_2—EGS 具有实现大量封存 CO_2 的潜力。

砂岩地热储层的回灌是地热田管理中的一大难题。中国丰富的中低温地热资源主要赋存于大的沉积盆地之中，如华北盆地、苏北盆地、关中盆地和松辽盆地，但地热水不仅赋存于渗透性高、容易回灌碳酸岩储层中，也赋存于难以回灌的砂岩储层中，其中回灌率多低于 20%，成为地热资源可持续利用的主要技术障碍。

传统的酸化方法中，利用 HF 和 HCl 去除高温地热系统中的碳酸盐和硅酸盐结垢，由于尺度和成本问题，不适于提高砂岩储层回灌率，需要探索新的方法。砂岩热储中 CO_2-水-岩相互作用，为提高砂岩地热储层的回灌率提供了可能的途径。

CO_2 岩芯驱替试验揭示出砂岩储层岩石渗透率和孔隙率的不同变化情况。渗透率的减小可由自生黏土的迁移阻塞孔喉，或当初始黏土矿物很少时，由孔隙空间中高岭石的结晶引起侧，后一情形常见于含有钾长石或其他可溶铝硅酸盐颗粒的地层中。渗透率的增大可由碳酸盐矿物的溶解造成，但当其为黏土矿物迁移阻塞孔喉所致的渗透率减小抵消时，则渗透性不会发生明显的改变。

CO_2 注入会导致矿物的溶解、迁移和沉淀。矿物的溶解会导致岩石孔隙率和渗透率增大，而矿物的沉淀会导致二者减小。因此，岩石孔隙率和渗透率的变化主要受岩石矿物分布和咸水化学组成的控制，并因储层不同而变化。

数值模拟解释了砂岩储层中 CO_2 -水-岩相互作用对于渗透率和孔隙率的长期效应，已有研究揭示了 CO_2 脱气所致矿物的溶解和沉淀。对低温系统模拟表明，地热系统中的碳酸盐对 CO_2 的变化非常敏感。应用反应性迁移模型对某长石砂岩储层（深度 2 km，75 ℃）注入带 CO_2 所致矿物蚀变的研究表明，储层孔隙率变化和 CO_2 捕获，注入 CO_2 引起的矿物蚀变导致孔隙率改变。在酸化带，矿物溶解起主要作用，孔隙率显著增加；在 CO_2 捕获带，CO_2 以次生矿物形式捕获与岩石骨架，孔隙率减小。溶解 CO_2 的迁移和矿物蚀变通常使孔隙率减小，在外围产生低渗带，影响储层的增长和寿命。

对日本砂岩咸水层 CO_2 现场注入试验的数值模拟表明，通常认为的是长期过程 CO_2 -水-岩相互作用，在初始阶段就可以对储层产生影响。根据 sato 等的模拟工作，只考虑钙长石溶解作用，储层岩石孔隙率60 年后将增大2%。美国 Firo 砂岩咸水层的 CO_2 现场注入试验表明，CO_2 注入后碳酸盐矿物和铁氢氧化物发生快速溶解，并导致盖层中产生 CO_2 和咸水的泄漏通道。

7.8　CCS 技术的环境、经济和社会因素

碳捕获和存储技术作为应对全球气候变暖的一种措施正在逐步受到科学界和企业的关注。然而，这项技术的发展还会受到环境、经济和社会诸多因素的影响。

7.8.1　环境风险评估与风险缓解补救

CO_2 作为一种带有窒息特性的酸性物质，其捕获和存储会对人类健康和安全、自然和环境造成一定的风险，这些风险主要与从工程系统（如捕获和运输管道）或地质存储点的可能泄漏有关。

具体说，碳捕获和存储对当地健康、安全和环境的危害来源于三个方面：

（1）浅层地下和近表面环境处气态 CO_2 高浓度产生的直接效应；

（2）溶解的 CO_2 对地下水化学的影响；

（3）CO_2 注入替代流体所造成的效应。

因此，可能潜在风险包括：CO_2 逃逸到大气层对人体健康与安全的潜在危害、CO_2 泄漏和盐水取代对地下水的危害、对陆地和海洋生态系统的危害、诱发地震、引起地面沉降或升高。

对地质存储风险的有效缓解由下列 4 个相互有关联的活动组成：

（1）仔细地选择厂址，包括性能和风险评价以及考虑社会经济和环境因素。

（2）实施监测，保证存储项目按预定计划执行，并对发生泄漏的事件作出早期报警。

（3）在管理上实施有效的监管。

（4）实施补救措施，排除和限制泄漏的起因和后果。地质存储项目必须挑选场址，才能很好运行，以避免发生泄漏。然而，在某些场合下，泄漏还是会发生的，需要采取补救措施，以终止泄漏或阻止对人类或生态系统造成的危害。此外，有效的补救措施还包括可以向公众提供更进一步的保障，地质存储将是安全和有效的。

7.8.2 公众意识

碳捕获和存储作为一项新兴技术，除在化石能源生产和研究的企业和机构外，对其可以作为一种潜在的减排选择方式还了解不多。因此，这项技术的扩散将会给普通公众带来更大的影响。例如，有关分离厂和输运管道的建设和运营，作为化石燃料和能源服务的长期选择，以及这些服务对消费者产生的价格等都需要开展特别的知识普及。因此，政府需要在提高公众对这项技术优、缺点的知晓方面扮演一个重要角色，将公众意识普及与技术开发放在同等重要的地位给予考虑，以保证公众意识的提高和合理的应对。

7.8.3 经济评估

在碳捕获和存储的三个环节（即捕获分离、运输、存储）中，捕获分离成本在总碳捕获和存储成本中占的比例最大，见表 7-4。

表 7-4 碳捕获和存储成本比较

环　节	项　目	单位 CO_2 成本/(USD · t^{-1})
碳捕获	燃煤或燃气电厂	15 ~ 75
	合成氨	5 ~ 25
	其他工业过程	5 ~ 115
运输		1 ~ 8
地质储存	盐水层	0.5 ~ 8
	废弃油气田	2 ~ 6
	强化开采油	−12 ~ 3
	强化开采煤层气	−5 ~ 10
地质储存的监测		0.1 ~ 0.3

基于2022年的燃料、特殊技术和各国环境，如果将碳捕获和存储技术用于电力生产，每千度电的费用估计会增加0.01～0.05美元。随着技术开发的进步、规模经济的扩大等，未来碳捕获和存储技术的费用将会降低。根据预测，在未来10年，碳捕获的费用将可能下降20%～30%。更多的新技术目前尚在研究和示范阶段，只有这些技术的成熟运用将可望有更多的降价空间。运输和存储的费用也将随着技术的进一步成熟和规模化的增加而逐渐下降。能源和经济模型表明，只有当总成本降到25～30美元/tCO_2时，CCS技术才可能大规模适用。

7.8.4　市场障碍

除了上面谈到的经济因素外，市场障碍也不容回避，这包括从事风险的组织机构和部门、技术不确定性和市场的不确定性等因素。从组织机构讲，要求能源企业、油气海运企业、产油企业和政府在20～30年内都需要通力合作，还需要大量的前期资本投入，这就需要建立一种机制在利益相关者之间能均衡分摊风险，以使项目顺利进展。在不确定性方面，捕获和存储的经济性对技术和系统关键要素成本的不确定性非常脆弱，所以除非能充分判断出效益的回报，一般情况下企业是不愿意承担这种风险的。

另外，对市场的油、气和煤的价格也是非常敏感。如果投资一座能运行20年的工厂，其成本效益将决定于多长时间的资本回收。因此，在市场化运作方面要综合考虑这些因素，加强合作和风险分摊。

7.8.5　法律地位

目前一些国家已有的法律规定已直接涉及在沿海的地质存储。例如，一些国家沿袭的方式是由政府来考虑与CO_2存储相关的长期责任，如地下采矿作业等。还有一些国家，特别是美国，要考虑涉及与地上财产拥有者所属的财产权。另外，一些国际公约（如《联合国海洋法公约》《伦敦公约》等）也涉及CO_2注入海洋会引起环境变化等，但所有这些已经起草完的公约都没有特别考虑CO_2的存储。关于碳收集涉及的法律规范问题，包括国内法方面和国际法方面。

7.9　CCS技术作为CDM项目的障碍分析

为了进行有效的减排，CDM已经建立了一套复杂的认证系统，首要的就是确立基准线方法学，而CCS项目的方法学尚处在研究阶段。CDM复杂的认证系统是项目实施的巨大障碍，对于CCS这样颇有争议的技术更是如此。根据2006年5月在德国波恩举行的《联合国气候变化框架公约》关于二氧化碳（CO_2）捕获和封存作为清洁发展机制项目活动问题的研讨会结合附属科学技术咨询机构第二十四届会议，CCS 是一项有巨大潜力的减排技术。但到目前为止，由于在理论和实践上还存在争议，仍然还没有一项合法的 CCS 基准线方法学。专家们认为，将 CCS 作为清洁发展机制项目的主要障碍存在于项目边界、持久性、渗漏、可持续发展性四个方面。如果这些问题得到很好的解决，CCS 有望作为 CDM 项目，推进该项技术在发展中国家的实施，为温室气体减排做出巨大贡献。

7.9.1　项目边界

在清洁发展机制中，项目边界是指一个地理的范围，这个范围应包括在项目参与者控制范围内的、数量可观并可合理归因于 CDM 项目活动的所有温室气体源人为排放量。在 CCS 项目过程中，可能因为捕获、运输、注入等过程产生间接排放。因为这些过程会消耗一部分额外的能源，即导致发电厂总的转化效率损失，意味着发电厂需要使用更多的矿物燃料来保证相同的输出，由此会导致温室气体排放量增加，所以最适合的项目基准线应该考虑到 CCS 项目“捕获”或“储存”的 CO_2 并不代表减排量，而排放“避免”才应该是减排量。这样，CCS 的项目边界应为整个二氧化碳捕获和封存活动链，即捕获、加工、运输、注入和封存，都应当包括在项目边界内。

7.9.2　持久性

在考虑二氧化碳捕获和封存作为清洁发展机制项目活动时，持久性是一个重要问题。虽然有一部分碳可能是与化石发生了不可逆转的反应，但仍然不能保证所有储存在地质库中的碳都是永久性地不泄漏出来。从碳市场的角度来看，碳的泄漏意味着碳信用失去了价值，因为碳信用价值的存在基于让 CO_2 从大气中分离。林业碳汇项目也有类似的问题，但 CCS 的持久性涉及的时间尺度往往要比林业碳汇的 50 年要长。

持久性的问题主要涉及三个方面：一是在前期通过选择适当的储存地点和合适的封存方法来降低泄漏的风险；二是为了详细了解封存效果和预测泄漏情况，执行严格的监测计划；三是在清洁发展机制项目的入计期之后，建立针对泄漏的问责制和责任制，以及建立在发生不可抗力和意外事故时的应急机制。

一般认为，清洁发展机制应当只接受使用持久性期望值高的封存储层的 CCS 项目活动，并且应当拟订地点选择标准，以便尽可能减少潜在的泄漏风险。应当根据 IPCC 特别报告中界定的标准作为出发点，明确界定储存地点选择标准，应当确定并执行适当的储存地管理原则。

为了详细了解泄漏情况，监测是必不可少的，目前普遍认为监测方法应当是合适的、地点专用的、灵活和经济有效的。关于监测的时限，还有许多讨论。由于在 CDM 项目入计期后发生的泄漏也可能导致碳信用的失效，监测应当延长到项目活动的注入和入计期以外，并且在封存点关闭后，项目参与方应当在一规定的时限内继续监测；监测时限和技术应当具有某种程度的灵活性，能够加以调整以便反映新的发现。

CCS 如果在入计期中发生泄漏，被监测到的泄漏就会作为项目排放而作出报告，于是从当年的基准线中扣除这个泄漏量。如果泄漏发生在入计期后，则为了保证 CDM 项目的环境整体性，就涉及相关权责的分担。一般认为，入计期以外的泄漏核算制度应当适当、透明和简单。目前关于入计期以外的渗出量核算的建议有：预先按设定的折扣率酌减可能的渗出量；如发生渗出，取消或更换核证的排放减少量（核证的排减量）；发放暂时核证的排减量；通过保险，为任何渗出设立补救基金。有人认为，核证的排减量持有者应当承担责任，但应当有转移这一责任的可能性。

7.9.3 渗漏

在 CDM 项目中，渗漏是指发生在项目界限之外的，由于项目的影响而产生的温室气体人为源排放，或者是汇清除的变化。对于 CCS 项目而言，渗漏主要是上游排放和下游排放引起的。上游排放主要是捕获二氧化碳所需额外能源引起的，捕获和压缩 CO_2 需要大量的能源，可能相当于 10%～40% 能源投入，这就涉及界定项目边界时类似的问题；一般认为，如果二氧化碳源不在项目边界内，捕获二氧化碳所需能源产生的排放应当作为渗漏，并且逐个案例计算。

CCS 项目中，强化采油（EOR）和强化煤田气回收（ECBM），燃烧这部分化石燃料也就相应地增加了温室气体排放，也就是所谓的下游排放。关于这部分排放是否应该计算在渗漏之内，目前还没有定论。一部分人认为，强化采油生产的石油排放量不应当计算，因为没有证据表明强化采油会使石油产量大幅增加，采收的石油可取代更为碳密集的矿物燃料，因而减少排放；在多数情况下，强化采油生产的石油排放量应当在消费地点计算，因此在清洁发展机制项目内计算它们会导致排放量的重复计算。但是仍然有人认为，这种排放应当作为渗漏计算，因为强化采油会导致石油产量和消费的增加，造成在《京都议定书》之下没有排放量减少指标的“非附件 I”缔约方的排放量增加。

7.9.4 可持续发展性

《联合国气候变化框架公约》（UNFCCC，以下简称《公约》）规定，CDM 项目必须满足“非附件 I”国家“达到可持续发展”的要求，而很难说明 CCS 项目是否满足了“可持续发展性”，这也会给 CCS 作为 CDM 项目造成巨大障碍。因为一些专家认为，如果二氧化碳捕获和封存导致矿物燃料的更多使用，这可能与《公约》的目标背道而驰。

虽然 CCS 项目可能造成一定的环境风险，比如，CO_2 泄漏和盐水取代对地下水的危害、对陆地和海洋生态系统的危害、诱发地震、引起地面沉降或升高，但有望通过可靠的监测方法和风险防范措施来解决。强化采油和强化采煤田气会导致矿物燃料消费增加，但所增加的部分与 CCS 项目储存的大量温室气体相比，对减缓气候变化的贡献是微不足道的。

对于我国这样现有能源结构主要以煤炭为主，石油和天然气消费相对较低，资源也很有限，并且在短时间内这种情况不会改变的发展中国家来讲，经济的快速发展必然消耗大量的能源，温室气体排放量还会增加，利用 CCS 技术能在我们利用矿物燃料的前提下，减少温室气体的排放，是满足了我国可持续发展要求的。

7.10 我国 CCS 技术未来发展的建议

目前，我国在以减少碳排放为目的开展的碳捕获和存储方面的研究几乎可以说是空白。为此，我们建议应尽快和重点开展以下几方面的研究：

（1）碳捕获技术的研究，特别是针对煤基多联产技术、氢能技术等的碳捕获技术的研究。

（2）确定我国目前主要和集中的 CO_2 排放源的位置。

（3）研究我国碳捕获和存储的地质潜力，包括盐水层、废弃油气田、煤矿等地质结构层的碳封存潜力。

（4）研究最小成本的关于碳捕获和存储“源”与“汇”的匹配，提出未来适合于碳捕获和存储的大型煤电厂场址选择等建议。

（5）研究碳捕获和存储可能的风险与不确定性分析，提出应对对策。

（6）研究碳捕获和存储项目监测的方法和技术。

（7）开展国际合作，学习、消化、吸收碳捕获和存储研究的方法与工具；与国外合作开展碳捕获分离技术的研发；与国外合作开展具有净效益的强化开采油气、煤层气等示范项目。

（8）相关的法律问题的研究。

总之，气候变化问题不仅是环境问题，更涉及国家的经济和社会发展。随着国际社会对气候变化的更深入关注，我国也将面临更大的压力。碳捕获和存储作为一种减排的新技术，仍有许多技术方法、风险评估、法律问题等需要进一步的研究。从实现我国经济社会的可持续发展角度看，需要我们在积极跟踪国外技术和活动的同时，加强国内的研发，不断通过技术创新，提出适合我国发展的新途径。

CCS 技术中相关英文缩写解释：

CCS：Carbon Captureand Storage 的缩写，是指二氧化碳（CO_2）捕获和封存（CCS），指 CO_2 从工业或相关能源的源分离出来，输送到一个封存地点，并且长期与大气隔绝的一个过程。

CDM：Clean Development Mechanism 的缩写，是指清洁发展机制，是《京都议定书》中引入的三个灵活履约机制之一。

EOR：Enhanced Oil Recovery 的缩写，即所谓的提高油田采收率。

ECBMR：Enhanced Coal Bed Methane Recovery 的缩写，即所谓的提高煤层气采收率。

EATER：EnhanCed Aqulfer Themal Energy Recovery 的缩写，指含水层热量采收率。

IEA：International Energy Agency 的缩写，指国际能源机构。

IGCC：Integrated Gasification Combined Cycle 的缩写，指整体煤气化联合循环。

IPCC：Intergovernmental Panel on Climate Change 的缩写，指联合国政府间气候变化专门委员会。

UNFCCC：United Nations Framework Convention on Climate Change 的缩写，指《联合国气候变化框架公约》。

8 中国及全球陆地生态系统碳源汇

8.1 陆地生态系统碳循环

8.1.1 陆地生态系统

陆地生态系统（terrestrial ecosystem）是指特定陆地生物群落与其环境通过能量流动和物质循环所形成的一个彼此关联、相互作用并具有自动调节机制的统一整体。陆地生态系统包括森林生态系统、草原生态系统、荒漠生态系统、湿地生态系统以及受人工干预的农田生态系统。陆地生态系统占地球表面总面积的1/3，以大气和土壤为介质，生境复杂，类型众多。该系统的初级生产者主要是各种草本或木本植物，消费者为各种类型的草食或肉食动物。在陆地的自然生态系统中，森林生态系统的结构最复杂，其生物种类最多、生产力最高，而荒漠生态系统的生产力最低。农业生态系统是在人类强烈干预下的开放系统，具有较高的净生产力、较高的经济价值和较低的抗逆性及明显的地区性，系统自身的稳定性差，受到自然生态规律和社会经济规律的双重制约。

8.1.2 陆地生态系统对大气温室气体的影响

一方面，陆地生态系统能够固定温室气体，如陆地生态系统植被进行光合作用固定 CO_2，陆地生态系统的森林生态系统、草原生态系统、荒漠生态系统、湿地生态系统和农田生态系统具有碳汇功能，能够储存温室气体；另一方面，陆地生态系统又能产生温室气体，如森林砍伐、土地利用变化、农田耕作、畜牧业等排放大量的温室气体。大气温室气体在陆地生态系统中不断进行循环，陆地生态系统不同类型的变化影响大气中的温室气体，如当森林生态系统转化成农田生态系统、草地生态系统和城市生态系统、草地生态系统转化成农田生态系统和城市生态系统、湿地生态系统转化成其他生态系统时，都会释放温室气体。

8.1.3 陆地生态系统碳库

陆地生态系统以有机物质的形式临时性或永久性地储存碳的功能称为陆地生态系统的碳库功能，具有储存碳功能的各生态系统的组分或类型称为碳库。陆地生态系统碳库主要在岩石圈和生物圈。以植被类型可划分为森林碳库、农田碳库、草地碳库、湿地碳库和水体碳库；以生态系统的组分可划分为植物碳库、土壤碳库、凋落物碳库。全球陆地生态系统植被碳库为 $550 \times 10^{15} \sim 924 \times 10^{15}$ g C；土壤碳库是最大的碳库，为 $1200 \times 10^{15} \sim 3000 \times 10^{15}$ g C（IPCC，2007 年）；凋落物碳库为 $70 \times 10^{15} \sim 150 \times 10^{15}$ g C（IPCC，1999 年）。陆地生态系统碳蓄积大部分集中在森林生态系统，其余储存在耕地、苔原、湿地、草原和沙漠半沙漠中。全球约有 59% 的植被碳和约 24% 的土壤碳集中在热带森林和热带草原生态系统，约有 15% 的植被碳蓄积和 20% 的壤碳蓄积集中在温带森林和草地生态系统，剩余部分碳蓄积则分布在北方森林、苔原、湿地、沙漠和半沙漠地区以及湿地和农田中（见表 8-1）。

表 8-1　全球植被和 1 m 深内土壤碳库储量

区域	面积/m^2	全球碳储量/g C			所占比例/%		
		植物	土壤	合计	植物碳储量比例	土壤储量比例	合计储量比例
热带雨林	1.76×10^{13}	212×10^{15}	216×10^{15}	426×10^{15}	45	11	17
温带森林	1.04×10^{13}	59×10^{15}	100×10^{15}	159×10^{15}	13	5	6
寒带森林	1.37×10^{13}	88×10^{15}	471×10^{15}	559×10^{15}	19	23	23
热带草原	2.25×10^{13}	66×10^{15}	264×10^{15}	330×10^{15}	14	13	13
温带草原	1.25×10^{13}	9×10^{15}	295×10^{15}	304×10^{15}	2	15	12
沙漠和半沙漠	4.55×10^{13}	8×10^{15}	191×10^{15}	199×10^{15}	2	9	8
苔原	0.95×10^{13}	6×10^{15}	121×10^{15}	127×10^{15}	1	6	5
湿地	0.35×10^{13}	15×10^{15}	225×10^{15}	240×10^{15}	3	11	10
农田	1.60×10^{13}	3×10^{15}	128×10^{15}	131×10^{15}	1	6	5
合计	15.12×10^{13}	466×10^{15}	2011×10^{15}	2477×10^{15}			

注：资料来源于 IPCC，1999 年。

8.1.4　陆地生态系统碳汇

陆地生态系统碳汇是指当生态系统固定的碳量大于排放碳量时，该系统就成为大气 CO_2 的汇，简称碳汇。《联合国气候变化框架公约》将温室气体“汇”定义为：从大气中清除温室气体、气溶胶或其前体的过程、活动或机制，包括暂时性碳汇。储存在陆地生态系统不同碳库中的碳周转时间或长或短，其碳汇功能的性质也大不相同，将周转时间短的碳库称为暂时性碳汇，这种类型的碳汇通常对缓解气候变化的贡献很小。

陆地生态系统是地球上重要的碳源和碳汇。它们通过光合作用吸收二氧化碳，将其转化为有机碳，并通过呼吸作用释放二氧化碳。中国作为世界上人口最多的国家之一，其陆地生态系统在全球碳循环中起到重要的作用。下面将讨论中国及全球陆地生态系统的碳源汇特征，并探讨它们在碳中和中的贡献。

8.2 中国陆地生态系统碳源汇特征

8.2.1 中国陆地生态系统碳源特征

中国的陆地生态系统主要包括森林、草地和农田。其中，森林是重要的碳汇，能够吸收大量的二氧化碳。根据统计数据，中国森林覆盖率逐渐增加，从20世纪90年代的13.9%增加到2015年的21.66%，这表明中国的森林生态系统具有很强的碳吸收能力。

另外，中国的农田和草地是重要的碳源。农田和草地的土壤中含有大量的有机碳，由于农业活动和人类干扰，这些碳往往会被释放到大气中。据研究，中国的农田和草地每年释放的碳相当于全国二氧化碳排放量的30%以上。因此，降低农田和草地的碳排放是中国碳中和的重要任务。

8.2.2 中国陆地生态系统碳汇特征

中国的森林生态系统是一个重要的碳汇，它吸收大量的二氧化碳，并将其转化为有机碳储存在森林植被、土壤和死亡有机质中。研究表明，中国的森林每年吸收的碳约为2.89亿吨，占全球森林碳吸收总量的约7%。

此外，中国的湿地也是重要的碳汇。湿地中的湿地植被和湿地土壤能够吸收和储存大量的碳。研究发现，中国的湿地每年吸收的碳约为1亿吨，占全球湿地碳吸收总量的约15%。

8.3 全球陆地生态系统碳源汇特征

8.3.1 全球的陆地生态系统碳源特征

全球的陆地生态系统主要包括森林、草地和湿地。森林是全球最重要的陆地碳汇之一，吸收和储存大量的二氧化碳。另外，草地和湿地是全球的碳源。草地和湿地中的土壤含有大量的有机碳，由于人类活动和气候变化等原因，这些碳逐渐被释放到大气中。据研究，全球草地和湿地每年释放的碳相当于全球二氧化碳排放量的约 20%。

8.3.1.1　草地和湿地的碳源特质

A　热带森林

(1) 常态：通常是碳汇（通过高生产力吸收 CO_2），但受干扰后迅速转为碳源。

(2) 碳源驱动因素：

1) 毁林与退化：砍伐、焚烧释放大量碳（占全球人为碳排放的 10%~15%）。

2) 干旱与火灾：气候变化导致干旱加剧，森林火灾频率增加（如亚马孙雨林、刚果盆地）。

3) 呼吸作用增强：温度升高加速土壤和植物呼吸，可能超过光合作用。

B　北方森林与北方泥炭地

(1) 常态：碳汇潜力较低，但冻土区储存大量碳。

(2) 碳源驱动因素：

1) 火灾与虫害：北方森林火灾（如西伯利亚）释放大量 CO_2，且火灾频率随气候变暖上升。

2) 冻土融化：永久冻土解冻导致有机质分解，释放 CO_2 和甲烷（CH_4），形成正反馈（如西伯利亚、加拿大北部）。

C　草原与稀树草原

(1) 常态：碳汇能力较弱，但受管理措施（如轮牧）可增强。

(2) 碳源驱动因素：

1) 过度放牧：植被退化减少碳吸收，土壤碳流失。

2) 干旱与火灾：气候变化导致干旱频发（如非洲萨赫勒地区），火灾释放碳。

D　湿地

(1) 常态：部分湿地是碳汇（如泥炭地），但排水后迅速转为碳源。

(2) 碳源驱动因素：

1) 湿地排水：农业开发或城市化导致泥炭氧化，释放 CO_2（如东南亚泥炭地）。

2) 甲烷排放：厌氧条件下湿地释放 CH_4（强温室气体）。

E　农田与人工生态系统

(1) 常态：通常为碳源，因频繁扰动（耕作、施肥）导致土壤碳流失。

(2) 碳源驱动因素：

1) 土地利用变化：森林或草地转为农田释放历史储存的碳。

2) 氮肥使用：氮肥生产和使用过程释放 CO_2 和 N_2O（强温室气体）。

F　城市生态系统

（1）常态：显著碳源，因能源消耗、交通和工业活动。

（2）碳源驱动因素：

1）化石燃料燃烧：城市占全球能源相关碳排放的70%以上。

2）绿地减少：城市化压缩自然碳汇空间。

8.3.1.2　碳源的空间异质性与时间动态

A　空间差异

（1）热带地区以毁林和火灾为主，高纬度地区以冻土融化为主。

（2）发展中国家因快速土地利用变化碳排放较高。

B　时间变化

（1）季节尺度：北半球冬季生态系统呼吸减少，夏季吸收增强。

（2）年际波动：厄尔尼诺事件导致热带干旱，增加火灾碳排放（如2015年印度尼西亚泥炭地大火）。

8.3.1.3　人类活动与气候变化的叠加影响

A　直接驱动

（1）毁林、农业扩张、城市化直接增加碳排放。

（2）火灾管理不当（如人为点火）加剧碳释放。

B　间接驱动

（1）气候变化通过温度升高、降水模式改变，削弱生态系统碳汇能力。

（2）CO_2施肥效应可能增强植物生长，但受限于养分和水资源。

8.3.1.4　未来趋势与不确定性

A　临界点风险

（1）亚马孙雨林可能因持续干旱退化为稀树草原，释放数百亿吨碳。

（2）冻土大规模融化可能释放1400亿~1600亿吨碳（相当于当前大气中碳的2倍）。

B　管理挑战

（1）恢复退化生态系统（如再造林、湿地保护）可逆转碳源。

（2）但气候变化速率可能超过生态系统适应能力。

8.3.2　全球的陆地生态系统碳汇特征

全球的森林生态系统是一个重要的碳汇，它吸收大量的二氧化碳，并将其存储在植被和土壤中。据估计，全球森林每年吸收的碳约为90亿吨，占全球碳吸收总量的约 30%。

全球的湿地也是重要的碳汇，湿地植被和湿地土壤能够吸收和储存大量的碳。据研究，全球湿地每年吸收的碳约为 20 亿吨，占全球碳吸收总量的约 20%。

8.4　陆地生态系统对碳中和的贡献

陆地生态系统在碳中和中发挥着重要的作用。作为碳汇，它们可以吸收大量的二氧化碳，减少大气中的温室气体浓度，缓解气候变化。根据估计，全球陆地生态系统每年吸收的碳约为 110 亿吨，占全球碳吸收总量的约 35%。

首先，通过施行大规模的森林植被恢复工程，可以增加森林的面积和植被的覆盖率，从而提高碳汇的能力。森林作为重要的碳汇，可以吸收大量的二氧化碳，并将其固定在植被和土壤中。中国及全球的森林植被恢复工程有助于增加碳汇的容量，减少大气中二氧化碳的含量，从而减缓气候变化的影响。

其次，湿地保护和恢复也是重要的措施之一。湿地具有高度的生态价值和碳存储能力，可以吸收和固定大量的碳。湿地保护和恢复工程可以增加湿地的面积和恢复湿地的功能，从而提高湿地的碳汇能力。同时，湿地也是重要的生态系统，具有丰富的物种多样性和生态功能，对维持地球生态平衡具有重要意义。

此外，加强草地生态系统的管理也是关键的一环。草地作为重要的碳汇，可以吸收和固定大量的碳，并起到保护土壤和水源的作用。通过改善草地的管理和实施草地恢复工程，可以提高草地的生态功能和碳汇能力，减少土壤侵蚀和水源污染等问题。

然而，目前仍然存在一些挑战和问题需要解决。首先，人类活动对生态系统造成了破坏，导致了生态系统的退化和碳汇的减少。过度的森林砍伐、湿地开发和过度放牧等活动对生态系统造成了不可逆的损害。为了解决这些问题，需要采取措施减少人类活动对生态系统的破坏，并推动可持续发展，减少温室气体的排放。

为了应对这些挑战，需要进一步加强国际合作，共同保护和恢复陆地生态系统。各国可以分享经验和技术，加大对生态系统的保护和恢复力度。同时，还需要采取措施减少人类活动对生态系统的破坏，推动可持续发展，减少温室气体的排放。只有通过共同努力，才能实现全球碳中和的目标，减缓气候变化的影响。

总之，中国及全球的陆地生态系统具有重要的碳源汇特征，并在碳中和中发挥着重要的作用。通过保护和增加森林、湿地和草地的面积，减少人类活动对生态系统的破坏，可以促进碳中和，并减缓气候变化。未来，我们应加强国际合作，加大对陆地生态系统的保护和恢复力度，以实现全球碳中和的目标。只有共同努力，才能保护地球的生态环境，实现可持续发展的目标。

参 考 文 献

[1] 刘一丁，付佐民. 辽宁碳中和与农业生态治理研究［J］. 农业科技与装备，2023，11，318（6）：36-38.

[2] 朱美荣，王淦秋，向文凯，等. 农业社会化服务对农业碳排放的影响及其空间特征［J］. 中国生态农业学报（中英文），2024，32（8）：12881301.

[3] 孙坤. 浅谈发展有机农业助力碳达峰碳中和的对策建议［J］. 农产品质量与安全，2023，6：89-92.

[4] 任万岫，吴雨晴，周颖，等. 碳达峰、碳中和背景下有机农业碳减排分析［J］. 环境生态学，2023，5（6）：99-104.

[5] 程振博，张洪宇，金璟. 我国农业碳排放基本现状及影响因素研究［J］. 云南农业大学学报（社会科学），2024，18（4）：149-155.

[6] 刘烨，郑燕萍，孙伟明，等. 电动汽车电池技术发展综述［J］. 机械制造，2016，45（4）：56-58.

[7] 赖诗钰. 电动汽车碳排放的路径和策略浅议［J］. 现代工业经济和信息化，2023，226（4）：199-201.

[8] 黄学良，刘永东，沈斐，等. 电动汽车与电网互动：综述与展望［J］. 电力系统自动化，2024，48（7）：3-22.

[9] 中国汽车工程学会. 节能与新能源汽车技术路线图 2.0［M］. 北京：机械工业出版社，2021.

[10] 吴钉捷，李晓露. 基于实时出行需求和交通路况的电动汽车充电负荷预测［J］. 电力建设，2020，41（8）：57-67.

[11] 邵成成，李徐亮，钱涛，等. 基于交通均衡的电动汽车快速充电负荷模拟［J］. 中国电机工程学报，2021，41（4）：1368-1376.

[12] 刘勇，李全优，戴朝华. 电动汽车充电负荷时空分布建模研究综述［J］. 电测与仪表，2022，59（8）：1-9.

[13] 张光耀. 欧盟可再生能源法律和政策现状及展望［J］. 中外能源，2020，25（1）：25-32.

[14] 韩雪，高世. 低碳转型背景下绿电市场化机制设计的思考［J］. 财经智库，2022，7（5）：35-48.

[15] 别佩，林少华，王宁，等. 基于电力潮流追踪与绿色电力交易的企业用电侧碳排放因子核算［J］. 南方电网技术，2023，17（6）：34-43.

[16] 尚金成，张兆峰，韩刚. 区域共同电力市场交易机理与交易模型的研究［J］. 电力系统自动化，2005，29（4）：6-13.

[17] 程海花，杨辰星，刘硕，等. 基于路径组合计及 ATC 的省间中长期交易优化出清和系统研发［J］. 电网技术，2022，46（12）：4762-4774.

[18] 吴清，贾乾罡，严正，等. 考虑主体信用的配电网分布式绿电交易方法［J/OL］. 上海交通大学学报：1-16［2023-03-15］.

[19] 马瑾，马少清，马睿. 基于源网荷储协调优化的主动配电网运行［J］. 自动化应用，

2023，64（5）：208-211.
［20］刘晓宇，王斌．基于源网荷储优化的电力系统协同控制方法［J］．电气自动化，2021，43（5）：45-47.
［21］肖钢，常乐．CO_2 减排技术［M］．武汉：武汉大学出版社，2015.
［22］孙永平．碳排放权交易概论［M］．北京：社会科学文献出版社，2016.
［23］王效科，刘魏魏，逯非．陆地生态系统固碳166问［M］．北京：科学出版社，2015.
［24］上海联合产权交易所，上海环境能源交易所．全国碳排放权交易市场建设探索和实践研究［M］．上海：上海财经大学出版社，2021.
［25］周喜君．中国二氧化碳减排中的技术偏向研究［M］．北京：光明日报出版社，2019.
［26］陈迎，巢清尘．碳达峰、碳中和100问［M］．北京：人民日报出版社，2021.
［27］魏楚．中国二氧化碳排放特征与减排战略研究：基于产业结构视角［M］．北京：人民日报出版社，2015.
［28］安永碳中和课题组．一本书读懂碳中和［M］．北京：机械工业出版社，2021.
［29］赵丽琼，李子鹏．“双碳”背景下钢铁企业绿色转型探析［J］．新疆钢铁，2024，170（2）：43-45.
［30］刘丹丹．“双碳”目标下钢铁行业绿色转型路径研究［J］．财经观察，2024，14（10）：69-73.
［31］聂海亮．关于推进钢铁行业绿色高质量发展的建议［J］．中国能源，2021，43（1）：39-41.
［32］崔志峰，徐安军，上官方钦．国内外钢铁行业低碳发展策略分析［J］．工程科学学报，2022，44（9）：1496-1506.
［33］冯立新，李治国．“双碳”目标下公路运输经济的发展［J］．工作研究，2023，2：172-173.
［34］欧国立，宁静．促进我国公路运输绿色低碳发展的政策与路径［J］．可持续交通，2022，7：39-42.
［35］邢继，高力，霍小东，等．“碳达峰、碳中和”背景下核能利用浅析［J］．核科学与工程，2022，42（1）：39-42.
［36］郭天超，孙善星，张文娟．“碳中和”目标下核能积极有序发展策略研究［J］．中国能源，2021，5：44-46.
［37］王海洋，荣健．碳达峰、碳中和目标下中国核能发展路径分析［J］．中国电力，2021，54（6）：86-94.
［38］World Resources Institute. Climate watch［DB/OL］．（2021-03-14）［2021-03-15］．
［39］吴放．我国碳达峰、碳中和进程中核能的地位和作用［J］．核科学与工程，2022，42（4）：737-743.
［40］张宏伟，朱海波，吴欣茹，等．“双碳”目标下绿色清洁能源技术现状与发展趋势［J］．石油科学通报，2023，8（5）：555-576.
［41］徐立军，苏昕，朱迪，等．“双碳”目标下氢能产业技术发展分析［J］．新疆大学学报（自然科学版中英文），2024，41（4）：385-407.
［42］倪耀琪，朱恒恺．“双碳”目标下氢能发展机遇、难点与路径选择［J］．现代化工，

2024，44（2）：1-8.

[43] 张剑智，晏薇，郑了静，等. 全球清洁能源技术发展面临的挑战及应对策略［J］. 中国能源，2023，12：59-67.

[44] 张建国. “碳中和”目标下，热泵供热技术前景展望［J］. 中国能源，2021，7：12-18.

[45] 杨良就. “碳中和”目标下的欧洲热泵政策［J］. 上海节能，2022，9：1165-1171.

[46] 倪龙，董世豪，郑渊博，等. 热泵技术在中低温热能生产中的减碳效益［J］. 暖通空调，2022，52（11）：23-34.

[47] 王维利. 全球太阳能光伏政策研究及其产业发展趋势［J］. 化学试剂，2018，40（12）：1152-1156.

[48] 汪子凡. 热泵技术在中低温热能生产中的减碳效益［J］. 现代工程科技，2023，2（10）：1-4.

[49] 董恒宇. 碳汇理论与绿色发展［J］. 鄱阳湖学刊，2012，12（1）：5-12.